DESAFIOS E PERSPECTIVAS PARA O ENSINO DA MATEMÁTICA

SÉRIE MATEMÁTICA EM SALA DE AULA

Karina Perez Guimarães

DESAFIOS E PERSPECTIVAS PARA O ENSINO DA MATEMÁTICA

EDITORA
intersaberes

EDITORA intersaberes

Rua Clara Vendramin, 58 – Mossunguê
CEP 81200-170 – Curitiba – PR – Brasil
Fone: (41) 2106-4170 – www.intersaberes.com – editora@editoraintersaberes.com.br

Conselho editorial – *Dr. Ivo José Both (presidente)*
Dra. Elena Godoy
Dr. Neri dos Santos
Dr. Ulf Gregor Baranow

Editora-chefe – *Lindsay Azambuja*

Gerente editorial – *Ariadne Nunes Wenger*

Analista editorial – *Ariel Martins*

Preparação de originais – *Keila Nunes Moreira*

Capa – *Bruna Jorge*

Projeto Gráfico – *Bruno Palma e Silva*

Iconografia – *Danielle Cristina Scholtz*

Dados Internacionais de Catalogação na Publicação (CIP)
(Câmara Brasileira do Livro, SP, Brasil)

Guimarães, Karina Perez
  Desafios e perspectivas para o ensino da matemática/
Karina Perez Guimarães. Curitiba: InterSaberes, 2012.
(Série Matemática em Sala de Aula)

  Bibliografia.
  ISBN 978-82-8212-460-4

  1. Matemática 2. Matemática – Estudo e ensino
3. Prática de ensino 4. Professores de matemática – Formação
profissional I. Título II. Série.

12-09370   CDD-370.71

Índices para catálogo sistemático:
  1. Formação de professores de matemática   370.71
  2. Professores de matemática: Formação   370.71

1ª edição, 2012.
Foi feito o depósito legal.

Informamos que é de inteira responsabilidade da autora a emissão de conceitos.

Nenhuma parte desta publicação poderá ser reproduzida por qualquer meio ou forma sem a prévia autorização da Editora InterSaberes.

A violação dos direitos autorais é crime estabelecido na Lei n. 9.610/1998 e punido pelo art. 184 do Código Penal.

Sumário

Dedicatória – 7

Agradecimentos – 9

Epígrafe – 11

Prefácio – 13

Apresentação – 17

Introdução – 19

1   A importância da história da matemática no contexto escolar – 23

    1.1   Um pouco de história – 24

    1.2   Aspectos relevantes sobre a utilização da história da matemática – 32

2   A construção do conhecimento lógico-matemático do ponto de vista piagetiano – 43

- 2.1 Piaget e a construção do conhecimento – 43
- 2.2 Três tipos de conhecimento segundo Piaget – 45
- 2.3 O conhecimento lógico-matemático – 48

3 Conteúdos básicos do ensino de matemática – 57

- 3.1 Conteúdos de matemática para a educação infantil – 58
- 3.2 Os conteúdos de matemática para o ensino fundamental: aspectos gerais – 65

4 Jogos no ensino da matemática – 89

- 4.1 Pesquisas sobre o uso de jogos no ensino da matemática – 95
- 4.2 Um exemplo de aplicação do jogo no trabalho com operações aritméticas – 102
- 4.3 Sugestões de jogos para o ensino da matemática – 115

5 O processo avaliativo no ensino da matemática – 137

- 5.1 O papel construtivo do erro – 145

Considerações finais – 157

Referências – 159

Respostas – 169

Sobre a autora – 173

*Aos meus queridos pais, **Morvan** e **Isabel**,
pelo exemplo de vida, paciência, estímulo e amor.*

*Às minhas eternas companheiras de vida, **Érika**
e **Cláudia**, irmãs de todas as horas.*

*Ao meu grande companheiro **Samuel**, pela paciência,
apoio e companheirismo constantes.*

*Aos meus grandes mestres **Rosely Palermo Brenelli**
e **Sérgio Lorenzato**, por terem me acolhido
com tanto carinho desde a graduação
e me mostrado um outro lado da matemática.*

*Aos meus **alunos** e **ex-alunos** de educação infantil,
ensino fundamental, graduação e pós-graduação,
pelas experiências proporcionadas
ao longo desses anos.*

*Aos **professores** com os quais compartilhei
experiências em cursos de formação continuada,
pelas valiosas reflexões sobre as dificuldades
no ensino da matemática.*

Todo jardim começa com um sonho de amor. Antes que qualquer árvore seja plantada ou qualquer lago seja construído, é preciso que as árvores e os lagos tenham nascido dentro da alma. Quem não tem jardins por dentro não planta jardins por fora. E nem passeia por eles...

Rubem Alves, 2000, p. 156.

Prefácio

É com grande satisfação que apresento este livro, não só por se tratar de um trabalho significativo para professores, mas também por eu ter acompanhado a trajetória acadêmica da autora desde a graduação até o doutorado. Durante esse percurso, foi seu objetivo investigar a área do conhecimento matemático em crianças com base no referencial da psicologia e epistemologia genéticas de Jean Piaget e no estudo de jogos de regras aplicados à aprendizagem da aritmética.

Essa experiência, tão bem retratada neste livro, ganha outras dimensões ao abordar a questão do ensino da matemática na educação infantil e nas séries iniciais do ensino fundamental.

O pressuposto básico que permeia este trabalho centra-se na necessidade da atividade estruturante do aluno para a construção do conhecimento matemático, destacando o imprescindível papel do professor como desencadeador desse processo.

Esse princípio norteador está presente desde o primeiro capítulo, o qual aborda a história da matemática. Nele, a autora enfatiza que o homem não partiu de regras abstratas para construir esse conhecimento. Essas regras foram estruturadas por ele, pouco a pouco, a partir de necessidades práticas advindas de suas experiências com a realidade, as quais, ao longo da história, foram sendo organizadas e coordenadas em um novo plano, o simbólico.

No segundo capítulo, Karina Perez Guimarães vai delinear, segundo a perspectiva de Piaget, como o conhecimento lógico-matemático se estrutura por meio das coordenações das ações. Conhecimento que a criança constrói, ao longo de seu desenvolvimento, em contínua interação com o meio. A autora reconhece, nesse processo construtivo, a necessária participação do professor, não como transmissor de verdades absolutas e acabadas, mas como mediador, "um outro" que problematiza e desafia o pensamento da criança. Na interação, o professor possibilita mudanças dos esquemas explicativos menos complexos do aluno em direção aos mais complexos e abrangentes.

Ainda nessa linha, o terceiro capítulo pontua os principais conteúdos do ensino da matemática para um público de educação infantil e de ensino fundamental e também observa o percurso de construção conceitual da criança em suas diferentes etapas de escolarização. Cabe aqui refletir sobre a necessidade de o professor conhecer a psicogênese das noções lógicas elementares (correspondência, classificação, seriação), as quais constituem condições necessárias para a compreensão do número e das operações aritméticas.

A autora, ao propor jogos no ensino da matemática no quarto capítulo, traduz a síntese entre afeto e cognição. Isso porque, ao jogar, a criança sente-se desafiada e procura meios para superar os obstáculos e vencer a partida. Em outras palavras, ela põe em ação seus recursos cognitivos: corrige as jogadas, avalia se suas ações foram favoráveis ou não, realiza antecipações, constrói estratégias e procedimentos, organiza as informações, toma decisões e relaciona as situações de jogo com os conteúdos trabalhados na sala de aula. Os aspectos afetivos relacionados à conduta lúdica são manifestados por meio de interesse na atividade, envolvimento, atenção, concentração, disponibilidade e resistência às frustrações. Para tanto, o professor, consciente dessas possibilidades, pode fazer uso desse poderoso recurso em sua prática. Entretanto, jogar deve ser sempre um convite, não uma imposição. Tenho convicção de que a atividade da criança desencadeada por meio dos jogos viabiliza atitudes favoráveis à aprendizagem da matemática.

O livro finaliza destacando o processo de avaliação. As reflexões contemplam um processo avaliativo em duplo sentido: aquele relativo ao percurso construtivo do aluno e aquele relativo ao professor, que também aprende e constrói conhecimentos para si pela tomada de consciência de sua prática.

Felicito a autora pela escolha e elaboração das reflexões propostas neste livro, permitindo um caminho fértil a todos aqueles comprometidos com a educação de crianças.

Julho de 2009

Rosely Palermo Brenelli
Doutora em Educação
Faculdade de Educação
Universidade Estadual de Campinas (Unicamp)

Apresentação

Escrever sobre desafios e perspectivas para o ensino de matemática consistiu em uma experiência desafiadora e prazerosa. Há alguns anos venho trabalhando com crianças e professores em formação inicial e contínua sobre o ensino da matemática voltado para a compreensão. As inúmeras dificuldades enfrentadas por professores e alunos nos processos de ensino e de aprendizagem da matemática, muitas vezes, acabam por minimizar o verdadeiro prazer e significado dessa área em nossas vidas.

Nos capítulos que seguem, os quais apresentam a realização de atividades propostas e indicações culturais, almejo proporcionar momentos de reflexão a respeito da metodologia de ensino de matemática, para que práticas pedagógicas possam ser repensadas e que delas possam emergir novas práticas voltadas para a compreensão.

Com o objetivo de auxiliar no aprendizado do leitor, os capítulos apresentam uma estrutura semelhante. Após a apresentação do conteúdo de cada capítulo, haverá uma síntese do que foi tratado nele. Além disso, o leitor poderá verificar sua aprendizagem por meio de atividades propostas e, caso tenha necessidade de aprofundamento no tema, são apresentadas indicações culturais.

Para tal intento, propomos seis temáticas distribuídas ao longo de cinco capítulos. A importância da história da matemática para os processos de ensino e de aprendizagem dessa área é enfocada no primeiro capítulo. O segundo capítulo aborda a construção do conhecimento lógico-matemático pela criança, destacando os três tipos de conhecimento, as abstrações envolvidas e o processo de equilibração. O terceiro capítulo apresenta uma breve análise dos conteúdos básicos do ensino da matemática na educação infantil e séries iniciais do ensino fundamental. O quarto capítulo abarca os jogos no ensino da matemática ao destacar sua importância na prática pedagógica e realizar uma breve análise de pesquisas que comprovam o caráter favorável do uso de jogos nas aulas dessa disciplina. Em seguida, é apresentada uma proposta de intervenção com o jogo "Pega-varetas" no trabalho com operações aritméticas fundamentais, a qual coloca em evidência o papel do professor e, posteriormente, são dadas algumas indicações de jogos para o ensino da matemática, bem como possíveis sugestões para o trabalho com esses recursos. O quinto capítulo aborda o processo avaliativo no ensino da matemática e a necessidade de repensarmos o sentido da avaliação, bem como o papel construtivo do erro.

Enfim, os conteúdos abordados neste material foram pensados com o intuito de contribuir para o aperfeiçoamento da prática pedagógica na área de matemática, o qual só poderá ser alcançado a partir de conhecimentos teóricos relacionados com a realidade.

Introdução

Os processos de ensino e de aprendizagem na área da matemática constituem foco de diferentes discussões e pesquisas. Entre as inúmeras questões que representam falhas e problemas no sistema educacional brasileiro, a matemática vem sendo apontada como uma das áreas que envolvem um grande número de dificuldades apresentadas pelos alunos na escola e também pelos professores, ao terem que lidar com as dificuldades daqueles.

Caso o objetivo seja reverter esse quadro caótico, a forma de conceber a matemática na escola precisa ser repensada.

Quando pensamos na situação em que se encontra a matemática nas escolas, é imprescindível pensarmos na metodologia de ensino dessa área, que pode representar um dos fatores que agravam esse quadro, ao mesmo tempo em que constitui um fator que pode favorecer as mudanças necessárias.

É preciso reconsiderarmos a forma estática, passiva, abstrata, destituída de contextualização e realidade que vem sendo predominante no ensino da matemática em muitas escolas brasileiras. Nesse sentido, Lorenzato (2006a, p. 1) assevera que:

> o sucesso ou o fracasso dos alunos diante da matemática depende de uma relação estabelecida desde os primeiros dias escolares entre a matemática e os alunos. Por isso, o papel que o professor desempenha é fundamental na aprendizagem dessa disciplina, e a metodologia de ensino por ele empregada é determinante para o comportamento dos alunos.

O professor, ao ensinar a matemática, precisa suscitar o raciocínio e o interesse do aluno em aprendê-la. Com o avanço tecnológico observado nos últimos anos, é inconcebível permitirmos que a escola continue atrasada, utilizando-se apenas de giz e lousa e da resolução de exercícios mecânicos e descontextualizados, que muito podem contribuir para o agravo da situação.

Diante desse contexto, é preciso pensar no aluno como atuante, participante ativo e responsável pela construção dos conhecimentos. Corroborando essa ideia, afirmam Moura e Lopes (2003, p. 8):

> há, pois, uma diferença substancial entre a intencionalidade pedagógica que orienta a criança a ser apenas uma repetidora do conceito e aquela que a orienta a (re)criá-lo com significados próprios. Esta última é a que torna o ato de ensinar e aprender matemática um encontro pedagógico no qual o educador e a criança compõem um movimento de (re)criação conceitual. Este movimento é caracterizado pela possibilidade de a criança vivenciar e expressar em linguagem natural significados e representações dos conceitos no alcance de seu entendimento e da ampliação deste.

E como fazer para repensar as transformações nos processos de ensino e de aprendizagem de matemática e contribuir com elas? Para que isso se torne uma realidade, é fundamental reconsiderar a prática pedagógica dessa disciplina e sua metodologia de ensino.

Esperamos, assim, que este livro venha a contribuir para o início da reflexão sobre as metodologias utilizadas no ensino da matemática nas séries iniciais, favorecendo o aperfeiçoamento dessa prática, visando a um melhor aprendizado por parte dos alunos e apresentando um outro olhar para essa tão temida e odiada disciplina. A intenção aqui não é esgotar a discussão, mas apenas fazer parte do seu início.

A IMPORTÂNCIA DA HISTÓRIA DA MATEMÁTICA NO CONTEXTO ESCOLAR

Diante das inúmeras dificuldades enfrentadas pelas crianças para aprenderem matemática na escola, a utilização da história da matemática pode representar uma estratégia de ensino importante a ser considerada pelos educadores em sua metodologia de ensino, como afirma Lorenzato (2006a, p. 107):

> outro modo de melhorar as aulas de Matemática, tornando-as mais compreensíveis aos alunos, é utilizar a própria história da Matemática; esta mostra que a Matemática surgiu aos poucos, com aproximações, ensaios e erros, não de forma adivinhatória, nem completa ou inteira. Quase todo o desenvolvimento do pensamento matemático se deu por necessidades do homem, diante do contexto da época.

A compreensão da história da matemática possibilita o conhecimento sobre a origem das noções que se pretende ensinar, os tipos de problemas práticos que estas buscam resolver, as dificuldades que aparecem e as formas que foram encontradas para superá-las. Miguel e Brito

(1995, p. 56) ressaltam que, "pelo estudo da Matemática do passado, podemos perceber como a Matemática de hoje insere-se na produção cultural humana e alcançar uma compreensão mais significativa de seu papel, de seus conceitos e de suas teorias, uma vez que a Matemática do passado e a atual engendram-se e fundamentam-se mutuamente".

É necessário, então, procurar desmistificar a matemática, mostrando que ela foi construída por homens em tempos históricos específicos, sendo, portanto, uma obra humana, que deve ser considerada na formação do professor e também dos alunos. Apresentaremos, a seguir, um pouco da história da matemática, destacando a origem do número e o sistema de numeração indo-arábico e, posteriormente, aspectos relevantes para a utilização da matemática na escola.

1.1 Um pouco de história

Na atualidade, a matemática é muito utilizada em nosso cotidiano. Porém, são raras as vezes em que paramos para refletir sobre algumas questões referentes a ela: O que seria de nós sem a matemática? Como surgiram os números? Como surgiu a contagem?

Para respondermos a essas questões e entendermos um pouco dessa história, é importante conhecermos, primeiramente, a história da humanidade, os problemas enfrentados em cada época e as necessidades que a teriam direcionado para a construção dos conhecimentos matemáticos como os conhecemos hoje.

Na época das cavernas, o modo de vida era bem diferente do que conhecemos atualmente. As pessoas alimentavam-se dos produtos obtidos com a caça, a pesca e a coleta de frutos e raízes. O refúgio das cavernas consistia em um meio para o homem se proteger contra as intempéries e os inimigos.

Segundo Imenes (1997b), estudiosos destacam que o que diferenciava os homens daquela época de nós era o modo de vida adotado, modo que pode ser conhecido por meio das pinturas nas paredes das cavernas e dos vestígios materiais encontrados em locais onde viveram antigas sociedades, como objetos e ossos encontrados.

Nessa época, a necessidade de contar, de utilizar números era inexistente, pois para nada no modo de vida do homem era preciso utilizar a contagem. Há mais de 10.000 anos, no Oriente Médio, o aumento da população e a escassez da comida levaram o homem a desenvolver formas mais elaboradas de atividades humanas. À medida que aumentou a complexidade de suas atividades, o homem passou a se fixar no solo, deixando de ser nômade, caçador e pescador, e a cultivar a terra, construir moradias e criar animais. Essas foram mudanças marcantes para ele, pois tanto a agricultura quanto a criação de animais ocasionaram alterações no seu modo de vida: existência mais organizada, estímulo à cooperação e divisão do trabalho.

Nesse momento, as reservas de alimentos passaram a existir para suprir a necessidade da população que aumentava. Iniciou-se, primitivamente, uma modalidade de comércio baseada em trocas, fazendo surgir o sentimento de propriedade sobre os animais, a terra e o que se produzia nela. Nasceu, assim, a necessidade de contagem.

Em relação à agricultura, Imenes (1997b, p. 11) aponta que "a agricultura, por exemplo, passou a exigir o conhecimento do tempo, das estações do ano, das fases da Lua. Foi preciso contar a sucessão dos dias e das noites para que surgissem os primeiros calendários".

A necessidade de contar surgiu, então, quando o sentido numérico* não era mais suficiente, pois somente funcionava para perceber pequenas quantidades.

Tudo indica que as primeiras contagens surgiram com os pastores, os quais utilizavam pedrinhas para poder controlar seus rebanhos. O processo consistia em separar uma pedrinha para cada ovelha que saía para o pasto, formando, assim, um conjunto delas. Quando as ovelhas retornavam, o pastor retirava do conjunto uma pedrinha. Desse modo, era possível verificar se algumas ovelhas tinham ficado no pasto, caso

---

* Sentido numérico pode ser definido como a capacidade de distinguir pequenas quantidades.

sobrassem pedrinhas no conjunto; ou se, por acaso, algum animal de outro rebanho teria vindo para o seu, quando acabavam as pedrinhas e ainda havia ovelhas chegando.

A palavra *cálculo* vem da palavra latina *calculus*, que significa "pedrinha". Daí se deriva a palavra *calcular*: "contar com pedrinhas" (Imenes, 1997b).

Dessa ideia de utilizar pedrinhas para contar o rebanho, surgiu a correspondência de um para um: "uma pedrinha para cada animal", no início e no final do dia. Em relação a essa questão, Lopes, Viana e Lopes (2005, p. 20) destacam que

> fazer correspondência um a um é associar a cada objeto de uma coleção um objeto de outra coleção. O surgimento dessa correspondência foi um passo muito importante no desenvolvimento dos números e deve ser valorizado no ensino infantil, pois ela é o primeiro passo para que as crianças saibam exatamente que o número dois significa um conjunto de dois "uns" e não mero símbolo.

Outros tipos de recursos foram utilizados pelo homem nas contagens: marcas em ossos, madeira e pedra, nós em cordas e o próprio corpo, como exemplifica Imenes (1997b, p. 16):

> na língua falada por algumas tribos, para referir-se à quantidade CINCO, eles dizem MÃO. Para referir-se ao DEZ, dizem DUAS MÃOS. Em alguns casos ainda, para dizer VINTE, dizem UM HOMEM COMPLETO, indicando que, depois de contar com os dedos das mãos, passaram a usar também os dedos dos pés. [GRIFOS DO ORIGINAL]

Os agrupamentos surgem, então, para facilitar a vida cotidiana. Entretanto, a humanidade levou um longo tempo até chegar ao processo de contagem.

A numeração escrita apareceu quando os homens sentiram a necessidade de registrar as quantidades. A partir daí, as civilizações criaram seus próprios sistemas de numeração e sua própria linguagem escrita para representar as quantidades, sendo que muitas delas utilizam agrupamentos para a representação de números maiores (Imenes, 1997a).

Para um bom entendimento dessa questão, serão apresentados, a seguir, alguns exemplos de sistemas de numeração, bem como as principais características de cada um deles.

O sistema de numeração egípcia baseava-se na ideia dos agrupamentos e era de base 10* e sem valor posicional**. Os egípcios não registravam o zero e possuíam o princípio aditivo, ou seja, o número era representado pela soma dos valores representados pelos símbolos. Veja, na figura a seguir, os símbolos do sistema de numeração egípcio.

Figura 1 – Símbolos do sistema de numeração egípcio

Símbolo egípcio	Descrição	Nosso número
|	Bastão	1
∩	Calcanhar	10
?	Rolo de corda	100
 ⚱	Flor de lótus	1000
☞	Dedo apontando	10000
 ⚓	Peixe	100000
 𓀠	Homem	1000000

Fonte: O sistema ..., 2010b.

Nesse sistema, para representarmos o número 8, por exemplo, devemos colocar 8 símbolos que representam o número: 1: 1+1+1+1+1+1+1+1 = 11111111. Já o número 320 seria representado por: 100+100+100+10+10

---

* Podemos dizer que a base de um sistema de numeração está relacionada à quantidade de algarismos que o sistema possui para representação e valor de cada símbolo.

** O valor posicional diz respeito à posição que cada algarismo ocupa em um número, como, por exemplo, o 2 em 12 vale duas unidades, em 25 vale duas dezenas, em 235, duas centenas e assim por diante. O 2 terá um valor correspondente à posição ocupada pelo algarismo no número.

= 999 ∩∩. No entanto, imagine, por exemplo, como seria difícil e trabalhoso registrar o número 99, ou 999! Desse modo, mesmo criando muitos símbolos diferentes, esse sistema de numeração necessitaria de infinitos símbolos.

A Figura 2, na sequência, apresenta os símbolos do sistema de numeração romano.

Figura 2 – Símbolos do sistema de numeração romano

I	V	X	L	C	D	M
1	5	10	50	100	500	1000

Fonte: O sistema ..., 2010c.

O sistema de numeração romano também era baseado nos agrupamentos e, assim como o nosso sistema de numeração e o dos egípcios, era de base 10. O valor posicional existia, mas de modo diferente do nosso. Por exemplo, é diferente escrever IX e XI. Utilizavam a subtração para não repetirem quatro vezes o mesmo símbolo e, por essa razão, como acontecia com o sistema egípcio, tornava-se trabalhoso representar determinados números.

Para exemplificarmos, podemos ilustrar a representação do número 95: XCV ((100 - 10) + 5 = 95). Já o número 3.767 seria muito mais difícil de ser representado: MMMDCCLXVII (1000+1000+1000+500+100+100+50+10+5+1+1)*. Nos dias atuais, a numeração romana é encontrada em alguns marcadores de relógio e para indicar ruas, séculos e capítulos de livros.

Em relação ao sistema de numeração decimal posicional desenvolvido pelos hindus, não se pode afirmar ao certo quando estes chegaram a esse sistema. Sabemos, porém, que outras civilizações influenciaram a elaboração desse sistema e que também a civilização hindu influenciou outras civilizações. O grande mérito dos hindus foi, sem dúvida, reunir diferentes características num mesmo sistema numérico. Imenes

---

* Para saber mais sobre os sistemas de numeração, o leitor pode consultar o *site* do Programa Educar, disponível em: <http://educar.sc.usp.br/matematica/mod1.htm>.

(1997a, p. 37) destaca que "o PRINCÍPIO POSICIONAL já aparecia no sistema dos mesopotâmios. A BASE DEZ era usada pelos egípcios e chineses. Quanto AO ZERO, existem indícios de que já era usado pelos mesopotâmios na fase final de sua civilização" (grifo do original).

O zero, presente nesse sistema, surgiu da necessidade de representar o vazio e apenas servia para evitar confusões e de guardador de lugar. Lorenzato (2006a, p. 108) aponta que

> o zero não foi concebido como número e menos ainda, como o primeiro deles. Ele surgiu na Índia (não se conhece quem o inventou) como o nome de *sunya*, que significa "vazio" e já nasceu redondinho; os árabes o levaram para a Europa como o nome de *sifr*, que também significa "vazio", e este foi traduzido para ao latim por *zephirum* e daí para zero, em português. Esta é uma história de cerca de mil anos, mas somente nos últimos dois séculos é que o zero foi elevado à categoria de número.

Enquanto os hindus desenvolveram o sistema de numeração, os árabes foram os grandes responsáveis pela sua disseminação pelo mundo, daí o nome de *sistema de numeração indo-arábico*. O nosso sistema de numeração apresenta dez símbolos, chamados de *algarismos* ou *dígitos*, com os quais podem ser representados infinitos números.

Na história, porém, não foi tão fácil perceber e reconhecer a superioridade desse sistema de numeração. Foram longos anos para que isso pudesse ocorrer. Na época atual, contudo, quando nos deparamos com a necessidade de registrar números muito altos, é fácil percebermos a superioridade da numeração indo-arábica.

Podemos pensar como uma das qualidades desse sistema de numeração a forma prática que possui para a realização de cálculos. Imagine, por exemplo, como seriam trabalhosas uma adição ou uma multiplicação no sistema romano ou no egípcio. Essa facilidade deve-se à forma de representação das quantidades usando 9 algarismos e o princípio do valor posicional.

Outro aspecto desse caráter prático se refere à diferença entre a quantidade de símbolos diferentes usados para representar números maiores no sistema romano ou egípcio e a quantidade de símbolos usada no sistema indo-arábico, em que o valor posicional possibilita essa prática usando apenas dez símbolos (algarismos). Sobre isso, Imenes (1997a, p. 42) ressalta que

> talvez, na época em que tal sistema foi inventado, as necessidades práticas não envolvessem quantidades tão imensas. Entretanto, no mundo atual, deparamos frequentemente com a necessidade de registrar números muito grandes. Assim, tanto o sistema numérico romano como o egípcio não seriam realmente práticos nos dias de hoje.

Os algarismos sofreram modificações desde a sua origem, quando não existia a imprensa, e eles variavam conforme a caligrafia de quem os copiava. Veja alguns exemplos interessantes:

Figura 3 – Representação dos algarismos pelos hindus no século IV

Fonte: O sistema ..., 2010a.

Nesse período, o nada não era representado por um símbolo próprio, que apareceu apenas no século IX, como mostra a Figura 4 a seguir:

Figura 4 – Representação dos algarismos pelos hindus no século IX

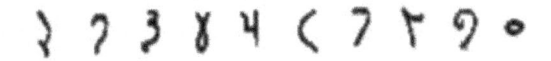

Fonte: O sistema ..., 2010a.

Ao longo dos séculos, os dígitos ou algarismos foram sendo representados da seguinte forma, ilustrada na Figura 5:

Figura 5 – Representação dos algarismos pelos hindus no século XI

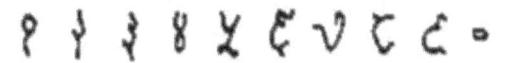

Fonte: O sistema ..., 2010a.

Ainda no século XI, os árabes que estavam no Ocidente representaram os algarismos da seguinte maneira:

Figura 6 – Representação dos algarismos pelos árabes no século XI

1 2 3 ⌐ 9 6 7 8 9

Fonte: O sistema ..., 2010a.

Já os árabes orientais usavam, no século XVI, a seguinte representação dos algarismos:

Figura 7 – Representação dos algarismos pelos árabes no século XVI

/ ⋏ ⋏ ⋏ ۵ ٤ V ⋀ ٩ •

Fonte: O sistema ..., 2010a.

Os europeus ainda empregavam formas semelhantes nos séculos XV e XVI, as quais já se assemelhavam muito aos símbolos que usamos hoje, como ilustra a Figura 8:

Figura 8 – Representação dos algarismos pelos europeus nos século XV e XVI

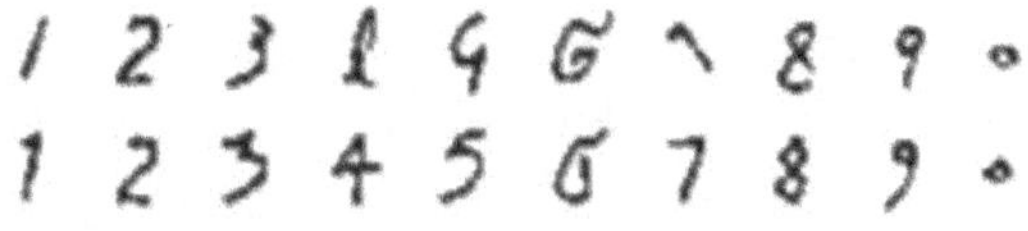

/ 2 3 ℓ 4 6 ⌐ 8 9 ○
1 2 3 4 5 6 7 8 9 ○

Fonte: O sistema ..., 2010a.

Finalmente, temos a representação utilizada por nós nos dias de hoje:

Figura 9 – Representação dos algarismos hoje

1 2 3 4 5 6 7 8 9 0

Fonte: O sistema ..., 2010a.

1.2 Aspectos relevantes sobre a utilização da história da matemática

Os primeiros homens a tentarem buscar estratégias para utilizar a matemática iniciaram suas buscas partindo de problemas práticos, com recursos de sua inteligência, até que conseguiram criar regras para superá-los. Assim, não iniciaram por regras abstratas, como, muitas vezes, propõe a escola aos alunos.

Partindo desse pressuposto, as crianças precisam ser incentivadas a reinventarem a matemática para que esta possa realmente ter sentido para elas, conduzindo-as a uma aprendizagem voltada para a compreensão.

A matemática é apresentada ainda hoje, pela maioria das escolas, de forma acabada, como se não tivesse sofrido modificações ao longo da história, ou seja, os conhecimentos matemáticos são ensinados como se fossem obtidos naturalmente e mostrados sem erros e dificuldades. Nesse sentido, Soares (2004, p. 48) aponta que:

> Um processo educacional que procura respeitar as estruturas da forma cognitiva e o rigor deve também preservar a história e o meio onde o aluno vive, o que garantiria a formação de uma concepção de conhecimento como um "processo" e não como "estado". Todos os motivos necessários que nos levam para a aprendizagem, sem dúvida, podem usar como recursos a História da Matemática de modo crítico, com suas importantes etapas de forma e rigor.

Para Nobre (1996), é preciso considerar que as contradições da ciência são imprescindíveis para o surgimento de novas contradições e, dessa forma, proporcionar aos alunos e professores a possibilidade de discutir questões que possam parecer inquestionáveis.

Com isso, o ensino da história da matemática viabiliza a compreensão, por parte do aluno, de que, embora as teorias que conhecemos hoje se mostrem de forma acabada, foram produtos de grandes desafios enfrentados pelos matemáticos em outras épocas e resolvidos de forma bem diferente da que, na maioria das vezes, é apresentada hoje, após essas teorias terem sido formalizadas.

Nesse sentido, Nobre (1996, p. 30) ilustra que

> a principal pergunta feita por nossos antepassados, ao visarem à compreensão de determinados fenômenos naturais, diz respeito ao porquê de sua ocorrência. No entanto, o homem, após concluir seus questionamentos e chegar a respostas aceitáveis ao contexto de sua época, abandona, de certa forma, o processo que fora necessário para se chegar a um determinado conceito, e passa a utilizar somente o resultado final, ou seja, ele utiliza somente o produto relativo a um processo que, em muitos casos, demorou algumas centenas de anos para ser desenvolvido. E este resultado passa a ser visto "como se fosse natural".

Os Parâmetros Curriculares Nacionais – PCN (Brasil, 2001b, p. 45) trazem, no volume de matemática, a indicação da história desta como suporte aos processos de ensino e de aprendizagem:

> Ao revelar a Matemática como uma criação humana, ao mostrar necessidades e preocupações de diferentes culturas, em diferentes momentos históricos, ao estabelecer comparações entre os conceitos e processos matemáticos do passado e do presente, o professor tem a possibilidade de desenvolver atitudes e valores mais favoráveis ao aluno diante do conhecimento matemático.

Além disso, os PCN destacam que a história da matemática constitui um instrumento de resgate da própria identidade cultural. Esse fato pode ser verificado quando apontam que "conceitos abordados em conexão com sua história constituem-se em veículos de informação cultural, sociológica e antropológica de grande valor formativo. A história da matemática é, nesse sentido, um instrumento de resgate da própria identidade cultural" (Brasil, 2001b, p. 46).

Em relação às principais finalidades de se trabalhar com esse tema, D'Ambrósio (1996a, p. 10) destaca quatro pontos que nos remetem a quem e para que a história da matemática serve:

> 1) para situar a Matemática como uma manifestação cultural de todos os povos em todos os tempos, como a linguagem, os costumes, os valores, as crenças e os hábitos, e como tal diversifica nas suas origens e na sua evolução;

2) para mostrar que a Matemática que se estuda nas escolas é uma das muitas formas de Matemática desenvolvidas pela humanidade;
3) para destacar que essa Matemática teve sua origem nas culturas da Antiguidade Mediterrânea e se desenvolveu ao longo da Idade Média e somente a partir do século XVII se organizou como um corpo de conhecimentos, com um estilo próprio;
4) para saber que desde então foi incorporada aos sistemas escolares das nações colonizadas e se tornou indispensável em todo o mundo em consequência do desenvolvimento científico, tecnológico e econômico.

O ensino da matemática por meio de sua história, segundo D'Ambrósio (1996a), representa uma manifestação cultural e está presente em todas as atividades humanas. O autor exemplifica essa questão, afirmando:

> pode-se dar como exemplo as decorações dos índios brasileiros, as diversas formas de se construir papagaios, comparar as dimensões das bandeiras de vários países, e conhecer e comparar medidas como as que se dão nas feiras: litro de arroz, bacia de legumes, maço de cebolinha. Tudo isso representa medidas usuais, praticadas e comuns no dia a dia do povo, e que respondem a uma estrutura Matemática rigorosa, entendido um rigor adequado para aquelas práticas. (D'Ambrósio, 1996a, p. 11)

A história da matemática pode, assim, ser fonte de motivação para os alunos, unindo diferentes campos dessa área. No entanto, para que isso venha a ser útil, devemos ter em mente os fins pedagógicos e a articulação com as demais variáveis que interferem no planejamento didático.

Em alguns livros, as referências à história da matemática pouco contribuem para o enriquecimento do trabalho pedagógico, pois se apresentam apenas como acessórias e não são exploradas pelos professores. É necessário, portanto, que os professores compreendam que o contexto histórico auxilia na construção do conhecimento matemático e que, por conseguinte, precisa ser usado como fonte de pesquisa e reconstrução.

Entretanto, a simples utilização de fragmentos históricos soltos não garante mudanças no ensino. É preciso considerar, segundo Soares (2004, p. 51), que:

A investigação da história dos conceitos não garante que haja mudanças no ensino, pois ela exige que seja feita com determinadas mediações e algumas purificações. A relação lógico-histórica é uma das mediações fornecedoras de elementos para a elaboração de sequências lógicas de ensino, porém, de forma tal, que reflita a história não no seu aspecto sequencial, mas sim a lógica interior a essa historicidade.

Dessa forma, o professor que almeja utilizar a história da matemática em sala de aula deve fazê-lo buscando orientar os alunos a verem a matemática como produto da necessidade dos homens, como uma criação humana. Assim, poderá, relacionando o conteúdo à história, suscitar o interesse dos alunos por essa área.

Convém destacarmos que os professores nem sempre conseguem utilizar, em sua prática, as vantagens oferecidas pela história da matemática. Esse fato pode estar relacionado à sua formação ou, ainda, ao livro didático escolhido por eles. Assim, ao escolher o material a ser utilizado em sala de aula, o professor deve estar atento à forma como é apresentado esse tema. Lorenzato (2006a, p. 109), a partir de sua experiência docente, aponta três categorias para os livros didáticos:

> a) ignora a história, b) reduz a história a notas episódicas que apenas causam diversão ou distração, c) apresenta a história de modo que facilite a aquisição significativa de conhecimentos principalmente matemáticos (mas não só matemáticos) pelos alunos, possibilitando a estes perceberem que a Matemática é um processo, um movimento, uma evolução do pensamento humano, ressaltando os aspectos de continuidade, integração e harmonia de seu conteúdo e, ao mesmo tempo, a beleza, a simplicidade e a síntese de sua forma.

Outro aspecto interessante a considerarmos, destacado por Mafra e Mendes (2002), é o papel significativo que a história representa nos processos cognitivos das crianças nas séries iniciais do ensino fundamental, uma vez que auxilia no desenvolvimento do raciocínio destas. Desse modo, segundo os mesmos autores, o uso de problemas históricos para a construção do conhecimento matemático favorece momentos de reflexão a respeito dos pensamentos dos estudiosos em dados períodos históricos e também constitui-se elemento motivador para a busca do problema proposto.

Ao longo da história da matemática, podemos observar que as construções do conhecimento matemático nem sempre tiveram o mesmo ritmo. A esse respeito, Lorenzato (2006a, p. 107) destaca a relação das descobertas com as dificuldades apresentadas pelas crianças:

> é interessante, principalmente para nós professores, observar que aquilo que os matemáticos demoraram em descobrir, inventar ou aceitar, são os mesmos pontos em que os nossos alunos apresentam dificuldades de aprendizagem. Essa coincidência entre os obstáculos cognitivos históricos e os pontos de maior dificuldade de aprendizagem em sala de aula é reconhecida por muitos pensadores matemáticos ou educadores de renome, tais como Hanckel, Poincaré, Kline, Kelin.

Oliveira e Morey (2007, p. 6) também apontam a importância de se trabalhar esse tema na escola, ao afirmarem que

> acreditamos que a história pode vir a ser incorporada no dia a dia da sala de aula, na medida em que possibilita a explicação de diversos porquês que os alunos costumeiramente fazem acerca dos conteúdos matemáticos, como também para reforçar a importância do elemento histórico na redescoberta de símbolos e conceitos matemáticos.

A utilização da história da matemática na escola está de acordo com a teoria construtivista*, uma vez que estimula os alunos a investigarem e a buscarem soluções para situações-problema da escola e de suas

---

* A teoria construtivista é uma teoria epistemológica estudada por Jean Piaget que tinha como objetivo explicar como se dá a construção dos conhecimentos pelos sujeitos, ou seja, como a inteligência se desenvolve. Um de seus princípios fundamentais é a importância da interação do sujeito com o meio, seja este físico ou social, na construção do conhecimento. Sendo assim, a partir das trocas que o sujeito estabelece com o meio, poderá avançar na construção dos conhecimentos. Dessa forma, quanto mais desafiante for o meio, no sentido de haver situações-problema para o sujeito interagir, maiores serão as possibilidades de construção e desenvolvimento das estruturas cognitivas.

vidas, criando circunstâncias que possibilitam a eles construírem seus conhecimentos. Corroborando essa ideia, Soares (2004, p. 49) destaca:

> Conhecer o processo histórico que gerou o conhecimento é uma forma de compreendê-lo e dar-lhe significação social e, ao mesmo tempo, colocar o homem como agente de sua cultura. Contextualizar historicamente o ensino é uma forma de evitar ou responder questões. Enfim, é o conhecimento científico que responde os seus próprios porquês.

Embora tenhamos abordado, neste capítulo, um pouco sobre a importância da história da matemática, bem como um pouco dessa história em relação à origem do número e da numeração indo-arábica que conhecemos hoje, gostaríamos de destacar que existem ainda inúmeros outros pontos que merecem destaque e também que, quando o professor almejar trabalhar com a história da matemática, deve recorrer à sua prática pedagógica para isso. Podemos citar como exemplo desses destaques o surgimento da fração a partir da divisão das terras às margens do rio Nilo, o aparecimento das medidas a partir das partes do corpo e como isso causava confusões, entre outras histórias.

Vale destacar que a utilização da história da matemática em sala de aula deve estar intrinsecamente relacionada ao conhecimento que o professor está trabalhando em sala de aula, ou seja, é preciso estar coerente com o contexto do planejamento.

Esperamos, assim, ter contribuído para suscitar no professor o interesse em trabalhar com a história da matemática, contribuindo para a aprendizagem significativa dos educandos.

Síntese

A história da matemática constitui-se em uma estratégia de ensino importante para a compreensão dessa área pelas crianças, pois sua motivação e seu interesse podem ser ativados quando o professor se propõe a olhar para os problemas matemáticos ao longo da história da humanidade.

Como vimos durante o capítulo, na época das cavernas, o número não representava uma necessidade, muito menos a contagem. Esta última surgiu com a mudança no modo de vida do homem, o qual passou a fixar-se em um local e a viver da agricultura e da criação de animais, o que tornou necessários a contagem e o controle de bens, ou seja, os homens precisaram registrar quantidades. Foi assim que apareceram diversos sistemas de numeração em diferentes civilizações. O sistema de numeração que utilizamos hoje foi inventado pelos hindus e disseminado pelos árabes.

A matemática surgiu, assim, como atividade humana em função dos problemas enfrentados pelo homem ao longo da história humana. Ao contrário de como, muitas vezes, é apresentada hoje – de forma acabada –, ela vem de um processo de muitas modificações ao longo da história.

Muitas vezes, os livros didáticos trazem apenas trechos de história de matemática, os quais se tornam meros acessórios diante da extensão do conhecimento da área. Porém, o professor deve compreender e explicar o contexto histórico para seus alunos, a fim de que percebam a história da matemática como resultado da necessidade humana.

Indicações culturais

Livros

IMENES, L. M. **A numeração indo-arábica**. 7. ed. São Paulo: Scipione, 1997. (Coleção Vivendo a Matemática).

Essa obra faz parte de uma série que compõe a "Coleção Vivendo a Matemática". Traz conteúdos sobre a história da numeração indo-arábica e atividades com base nos textos apresentados. O autor utiliza muitas ilustrações interessantes e também apresenta o ábaco como um dos primeiros instrumentos utilizados para auxiliar nos cálculos. O livro pode ser utilizado pelos alunos do ensino fundamental, introduzindo ideias sobre a história da matemática no que diz respeito à numeração indo-arábica.

IMENES, L. M. **Os números na história da civilização**. 11. ed. São Paulo: Scipione, 1997. (Coleção Vivendo a Matemática).

Essa obra traz conteúdos sobre os números na história das civilizações a partir de textos, ilustrações e atividades propostas ao longo do livro. O autor utiliza muitas ilustrações e apresenta diferentes sistemas de numeração usados por civilizações antigas. O livro pode ser utilizado pelos alunos do ensino fundamental, introduzindo ideias sobre a história da matemática no que diz respeito à origem dos números e à sua representação nas diferentes civilizações.

TAHAN, M. **A arte de ler e contar histórias**. Rio de Janeiro: Conquista, 1964.

O autor traz uma série de histórias com potencial didático. Constam também nesse livro orientações quanto à velocidade, ritmo, pausas na leitura, inflexão, altura e volume de voz. Por meio das histórias, o professor pode criar momentos em sua aula utilizando a história da matemática, destacando suas curiosidades e despertando, assim, o interesse e a motivação dos seus alunos.

Site

Programa Educar. Disponível em: <http://educar.sc.usp.br/matematica/>. Acesso em: 14 abr. 2010.

Trata-se de um curso de matemática para professores de primeiro ao quinto ano do ensino fundamental. Neste site, você poderá encontrar diferentes textos sobre a história da matemática e uma grande variedade de atividades e exercícios. Os principais assuntos abordados são: sistema de numeração, adição e subtração, multiplicação, divisão, fração e jogos.

Atividades de autoavaliação

1. Leia as afirmativas seguintes e assinale (V) para verdadeiro ou (F) para falso. Em seguida, marque a alternativa que indica a sequência correta:

( ) Em seu modo de vida, o homem das cavernas, que era nômade, não tinha nenhuma necessidade de utilizar a matemática.

( ) A domesticação dos animais fez surgir a necessidade de controlar o rebanho.

( ) A palavra *calculus* significa "pedrinha" e não tem relação com a origem do número e da contagem.

( ) A primeira ideia de contagem envolvia a correspondência de um para um.

a) V, F, F, V.
b) V, V, F, V.
c) V, V, V, F.
d) V, V, V, V.

2. De acordo com os sistemas de numeração antigos, é INCORRETO afirmar que:

a) os egípcios representavam o zero e utilizavam o princípio aditivo em seu sistema de numeração.

b) a numeração romana era baseada nos agrupamentos e tinha base 10.

c) a numeração romana é usada nos dias de hoje.

d) a base 10 também foi usada por egípcios e chineses.

3. Com base no conhecimento de diferentes sistemas de numeração das civilizações, relacione as características ao sistema correspondente. Assinale, a seguir, a alternativa que apresenta a sequência correta:

Sistemas de numeração:

(1) Sistema de numeração indo-arábico

(2) Sistema de numeração romano

(3) Sistema de numeração egípcio

Características:

( ) Utiliza a subtração e não repete quatro vezes o mesmo símbolo.

( ) Não tem princípio posicional e usa princípio aditivo.

( ) Utiliza o princípio posicional e base dez.

a) 1, 2, 3.
b) 1, 3, 2.
c) 2, 1, 3.
d) 2, 3, 1.

4. Leia as afirmativas a seguir e assinale (V) para verdadeiro ou (F) para falso. Em seguida, marque a alternativa que indica a sequência correta:

( ) O zero surgiu como um algarismo a mais para melhorar os sistemas de numeração antigos.

( ) A escrita dos algarismos que conhecemos hoje sofreu modificações ao longo dos séculos, quando não existia a imprensa.

( ) O sistema de numeração indo-arábico é prático devido ao valor posicional que possibilita representar números maiores com apenas dez algarismos.

( ) Os agrupamentos apareceram para facilitar a vida diária.

a) V, V, V, V.
b) V, F, V, V.
c) F, V, V, V.
d) V, F, V, F.

5. Observe as afirmações a seguir sobre a importância da história da matemática e marque a alternativa INCORRETA em relação ao tema:

a) É importante incentivar a criança a reinventar a matemática, e não iniciar o trabalho diretamente com regras abstratas.

b) A história da matemática está relacionada à identidade cultural.

c) A história da matemática pode auxiliar no desenvolvimento do raciocínio.

d) A história da matemática é contrária à teoria construtivista, uma vez que já está pronta e acabada.

Atividades de aprendizagem

Questões para reflexão

1. A numeração indo-arábica sobressaiu-se às demais devido a alguns fatores importantes. Explique por que isso aconteceu, comparando-a com outros sistemas de numeração.

2. O zero nem sempre foi considerado um algarismo do nosso sistema de numeração, como acontece hoje. Explique como surgiu o zero e sua importância para os sistemas de numeração.

Atividades aplicadas: prática

1. Pesquise em livros e *sites* a história da matemática e destaque algumas curiosidades que lhe chamem a atenção. Prepare um material com diferentes histórias sobre os conteúdos matemáticos que conhecemos hoje. A seguir, vá até uma escola apresentá-las às crianças. Analise a motivação durante a atividade, a participação das crianças e as perguntas feitas por elas a partir de suas histórias.

2. Converse com professores de educação infantil e séries iniciais do ensino fundamental e veja como tem sido utilizada a história da matemática em suas aulas. Com base nesses elementos e na leitura deste capítulo, faça uma síntese sobre a importância de se abordar esse tema na escola e dê algumas sugestões sobre a utilização deste em sala de aula. Discuta a síntese com os professores e forneça uma cópia para cada um deles.

A CONSTRUÇÃO DO CONHECIMENTO LÓGICO-MATEMÁTICO DO PONTO DE VISTA PIAGETIANO

Antes de abordarmos a construção do conhecimento lógico-matemático, é importante que discutamos brevemente os processos de construção do conhecimento de uma maneira geral e sua relevância para a formação do professor.

Para tal intento, teremos como aporte teórico a epistemologia genética de Jean Piaget, cujo pressuposto central é o de que o conhecimento se constrói a partir das trocas do sujeito com o meio. Embora o ensino não tenha sido objeto de estudo das pesquisas desse autor, ele reconhece a importância dos seus trabalhos para a educação.

2.1 Piaget e a construção do conhecimento

A gênese do conhecimento ocorre a partir das interações do sujeito como o meio, as quais desencadearão o processo de equilibração. Piaget (1976) destaca que, a partir do desencadeamento do processo de equilibração por meio de desequilíbrios, ocasionarão reequilibrações responsáveis pelo avanço na construção do conhecimento.

O processo de equilibração pode ser definido como "a passagem de estados de menor equilíbrio para outros estados de maior equilíbrio, qualitativamente diferentes, graças às reequilibrações progressivas" (Guimarães, 1998, p. 45).

· Para Piaget (2000, p. 409), o conhecimento é considerado, basicamente, uma construção:

> o caráter próprio da vida é ultrapassar-se continuamente e, se procurarmos o segredo da organização racional na organização vital, inclusive em suas superações, o método consiste então em procurar compreender o conhecimento para sua própria construção, o que nada tem de absurdo, pois o conhecimento é essencialmente construção.

Em relação à construção da matemática, Piaget (1973, p. 298) considera esta "um desenvolvimento endógeno, que procede por etapas, de tal natureza que as combinações que caracterizam qualquer uma delas sejam, por um lado, novas enquanto combinações e, por outro lado, só se exercem sobre elementos já dados na etapa precedente".

Os processos de equilibração majorante e seus mecanismos de abstração reflexiva e de generalização construtiva estão intrinsecamente relacionados ao processo da construção dos conhecimentos, especialmente no que diz respeito ao conhecimento matemático, segundo Piaget (1976).

Durante toda a vida, o desenvolvimento cognitivo tem como propriedades as invariantes funcionais, que consistem em funções independentes de conteúdos, já que se aplicam em todas as situações. As invariantes funcionais consistem na organização, que tem como função estruturar o sistema para viabilizar seu funcionamento, e a adaptação, que representa o equilíbrio entre a assimilação e a acomodação.

Podemos definir *assimilação* como a integração do elemento novo a um sistema do sujeito e *acomodação* como a responsável pela modificação das estruturas pré-existentes para se ajustar ao que lhe é novo.

A equilibração cognitiva não apresenta um ponto final, pois à medida que um conhecimento é atingido, novos problemas surgem. Podemos dizer, então, que ela possui um caráter de ultrapassagem na busca de um equilíbrio cada vez melhor.

2.2 TRÊS TIPOS DE CONHECIMENTO SEGUNDO PIAGET

Piaget e seus colaboradores, conforme Kamii (2003), ressaltam que existem fontes de conhecimento internas e externas ao indivíduo. Eles ainda destacam a existência de três tipos de conhecimentos: o conhecimento físico, o conhecimento lógico-matemático e o conhecimento social.

O CONHECIMENTO FÍSICO diz respeito ao conhecimento da realidade externa dos objetos e é adquirido por meio da observação. Como exemplos, podemos mencionar o conhecimento acerca de um objeto no que se refere à sua cor, forma, peso e material do qual ele é feito, ou seja, as propriedades físicas do objeto.

Para o sujeito encontrar as propriedades físicas dos objetos, é preciso que aja sobre eles e descubra o que acontece nessas interações. Por exemplo, diante dos objetos, a criança pode empurrá-los, puxá-los, tentar dobrá-los ou olhar através deles.

Podemos observar, assim, que o conhecimento físico tem fonte externa ao sujeito e é obtido por meio da abstração empírica. Piaget et al. (1995, p. 5) afirmam que a abstração empírica "se apoia sobre os objetos físicos ou sobre os aspectos materiais da própria ação, tais como movimentos, empurrões, etc.", ressaltando que

> este tipo de abstração não poderia consistir em simples leituras, pois para abstrair a partir de um objeto qualquer propriedade, como seu peso ou sua cor, é necessário utilizar de saída instrumentos de assimilação (estabelecimento de relações, significações, etc.), oriundos de "esquemas" [*schèmes*] sensório-motores ou conceptuais não fornecidos por este objeto, porém, construídos anteriormente pelo sujeito.

A abstração empírica busca um conteúdo e os esquemas são importantes na medida em que englobam formas que permitem captá-lo. Piaget et al. (1995, p. 5) também destacam que, embora esses esquemas sejam necessários para a abstração empírica, "ela não se refere a eles, mas busca atingir o dado que lhe é exterior, isto é, visa a um conteúdo em que os esquemas se limitam a enquadrar formas que possibilitarão captar tal conteúdo". Assim, podemos dizer que a abstração empírica consiste em tirar as informações dos objetos, dos quais somente são consideradas certas propriedades que existem antes de qualquer constatação por parte do sujeito (exemplo: cor, peso), ou seja, o conhecimento físico.

Com relação à abstração empírica, Kamii (2003, p. 17) ressalta: "tudo o que a criança faz é focalizar uma certa propriedade do objeto e ignorar as outras. Por exemplo, quando a criança abstrai a cor de um objeto, simplesmente ignora as outras propriedades tais como o peso e o material de que o objeto é feito (isto é, plástico, madeira, metal, etc.)".

A abstração empírica pode ocorrer, então, a partir da vivência de situações envolvendo objetos concretos (de diferentes cores, tamanhos, espessuras, texturas etc.) que o professor apresenta às crianças na escola.

O CONHECIMENTO LÓGICO-MATEMÁTICO diz respeito à coordenação de relações internas que fazemos, não estando, portanto, na realidade externa. Para exemplificar, podemos pensar na inclusão de maçãs e bananas na classe das frutas. Essa classificação não se deve aos objetos em si (maçãs e bananas), mas sim à relação mental do sujeito ao incluir ou não maçãs e bananas nessa classificação. Esse conhecimento depende, portanto, da construção do sujeito, que é um processo interno, ou seja, está submetido à própria atividade mental da criança. Assim, a fonte do conhecimento lógico-matemático é interna ao sujeito e depende da abstração reflexiva.

Piaget et al. (1995, p. 6) definem a abstração reflexiva como aquela que "apoia-se sobre as formas e sobre todas as atividades cognitivas do sujeito (esquemas ou coordenações de ações, operações, estruturas, etc.) para delas retirar certos caracteres e utilizá-los para outras finalidades (novas adaptações, novos problemas, etc.)".

A abstração reflexiva procede, então, da coordenação das ações que o sujeito exerce sobre os objetos, diferindo da abstração empírica por centrar-se nas operações ou ações gerais do sujeito.

O terceiro tipo de conhecimento é o SOCIAL, o qual tem origem no convívio social, é arbitrário e varia de cultura para cultura. Como exemplos desse conhecimento, podemos citar o nome das pessoas; o fato de, em nossa cultura, comermos com talheres; a convenção de que devemos chamar um determinado objeto por um nome e não por outro (por exemplo, por que chamamos o objeto mesa de *mesa* e não de *cadeira*); a fixação do dia 7 de setembro como data comemorativa da independência do Brasil etc.

Em relação ao conhecimento social, temos um exemplo interessante, destacado por Lopes, Viana e Lopes (2005, p. 32), para os quais

> o conhecimento social refere-se às convenções criadas socialmente. Um exemplo bem interessante sobre o conhecimento social é o de crianças, até mesmo muito novas, conseguirem contar de um (1) a dez (10). Muitos acreditam que só porque elas recitam os números já tenham construído este conceito. Contudo, esse tipo de conhecimento não deve ser confundido com o conhecimento lógico-matemático, uma vez que este não se apoia em símbolos e convenções. Dessa maneira, recitar os números de um (1) a dez (10) trata-se de um conhecimento social.

Podemos dizer que, nos três tipos de conhecimentos propostos por Piaget, há uma similaridade entre os conhecimentos físico e social por suas fontes serem externas ao sujeito.

Para Kamii e Devries (1991b, p. 28), "o conhecimento social não pode ser deduzido logicamente ou por experiência com objetos, porque conhecimento social pode vir somente de pessoas e deve ser ensinado através do *feedback* de alguém."

Assim, podemos afirmar que, para a aquisição do conhecimento social pela criança, é imprescindível a interferência de outras pessoas. Entretanto, somente essa intenção não é suficiente, pois assim como o conhecimento físico, o social também depende de uma estrutura lógico-matemática para sua assimilação e organização.

Nesse sentido, Kamii e Devries (1991b, p. 15) destacam que "é importante lembrar que a criança constrói todos os tipos de conhecimento através de sua própria atividade. Assim, atividade é, pois, um traço comum entre os três tipos de conhecimento. A criança deve ser ativa, mas deve sê-lo de diferentes maneiras."

A partir dessa breve apresentação dos três tipos de conhecimento relacionados por Piaget, é importante agora aprofundarmos os aspectos principais relacionados ao conhecimento lógico-matemático.

2.3 O CONHECIMENTO LÓGICO-MATEMÁTICO

O desenvolvimento da abstração reflexiva engendra novas formas em relação aos conteúdos, o que pode originar a elaboração das estruturas lógico-matemáticas.

Sobre essa questão, Ferreiro (2001, p. 137) destaca que:

> a solução dada por Piaget à origem do conhecimento matemático é particularmente interessante: a experiência lógico-matemática não procederia por abstração das propriedades que a ação introduz nos objetos [...]. Contudo, sem o objeto – que participa "deixando-se fazer" – tampouco a experiência seria possível.

Isso significa que as estruturas numéricas e aritméticas e a lógica são construídas por meio de processos de abstração reflexiva. Porém, uma vez que essas estruturas não são determinadas *a priori*, elas podem ser apreendidas por meio da interação do sujeito com o objeto de conhecimento.

Piaget et al. (1995, p. 221) valorizam o papel da ação do sujeito para se chegar ao pensamento representativo, destacando a função da abstração reflexiva nesse processo:

> a construção da Matemática procede por abstrações reflexivas (no duplo sentido de uma projeção sobre novos planos e de uma reconstrução contínua precedendo as novas construções), e é deste

processo fundamental que um número grande demais de ensaios educacionais apressados pretendem se abster, esquecendo que toda abstração procede a partir de estruturas mais concretas.

Nesse mesmo contexto, Piaget e Inhelder (1975) pesquisaram a origem das estruturas fundamentais de classificação e seriação operatórias, sintetizando o conceito de número. Essa pesquisa resultou na obra *A gênese das estruturas lógicas elementares*, que completa a série de estudos sobre a construção da matemática empreendidos por Piaget e seus colaboradores juntamente com outras pesquisas.

Desse modo, partindo da concepção construtivista piagetiana, o ensino da matemática deveria orientar-se para as potencialidades, limitações e erros dos alunos, uma vez que o conhecimento vai se construindo junto com o sujeito.

Outro aspecto que devemos considerar é que, para Piaget, a matemática possui caráter estrutural, tendo como base o raciocínio lógico. Porém, para o autor, ela não se limita à lógica.

A ênfase é dada ao processo e não somente aos resultados, como geralmente se faz no ensino tradicional. Dessa forma, Piaget (2000, p. 339) define a matemática como um "sistema de construções que se apoiam igualmente nos seus pontos de partida, nas coordenações das ações e das operações do sujeito e procedendo por uma sucessão de abstrações reflexivas de níveis cada vez mais elevados".

O papel atribuído por esse autor à matemática em relação aos outros conhecimentos é fundamental, uma vez que qualquer conhecimento supõe a presença de um quadro de natureza lógico-matemática. Sob esse olhar, a epistemologia genética piagetiana possibilita a explicação da matemática.

Esta é, predominantemente, um conhecimento lógico-matemático. Infelizmente, muitas vezes, a escola a considera unicamente como conhecimento social, acreditando que a criança vai aprendê-la apenas pela transmissão, e não pela construção interna. Daí a ênfase muito grande em técnicas algorítmicas, sem haver a preocupação com os materiais concretos que possibilitam à criança as construções internas das estruturas cognitivas.

Piaget (1989, p. 221) chama a atenção para o ensino da matemática baseado na transmissão de conhecimento e no verbalismo e o critica: "o triste paradoxo que nos apresenta o excesso de ensaios educativos contemporâneos é querer ensinar Matemática moderna com métodos na verdade arcaicos, ou seja, essencialmente verbais e fundados exclusivamente na transmissão mais do que na reinvenção ou na redescoberta pelo aluno".

O conhecimento lógico-matemático possui três características específicas, segundo Kamii e Devries (1991b), quais sejam: esse conhecimento é construído a partir das relações criadas entre os objetos, não sendo, portanto, diretamente ensinável; a coerência é o único caminho para o conhecimento lógico-matemático se desenvolver, pois "se o deixarmos desenvolver-se sozinho e a criança estiver encorajada a estar alerta e curiosa acerca daquilo que a rodeia, então haverá somente um caminho para ele se desenvolver, e será através da coerência" (Kamii; Devries, 1991b, p. 25); depois de construído, o conhecimento lógico-matemático não será esquecido, pois "uma vez que a criança tenha inclusão de classe, ela nunca olhará uma vaca sem saber que é um animal. Além disto, a verificação empírica é supérflua no conhecimento lógico-matemático" (Kamii; Devries, 1991b, p. 25).

Como nos interessa discutir, primordialmente, a construção do conhecimento lógico-matemático pela criança, é preciso encontrar conteúdos que a interessem, pois quanto mais estiver envolvida com o conteúdo apresentado, maiores serão as possibilidades de ela fazer relações e conexões que favorecerão o desenvolvimento da estrutura lógico-matemática.

Síntese

O conhecimento é construído a partir das trocas do sujeito com o meio em que ele vive. A equilibração, conforme Jean Piaget, é o processo responsável pela construção do conhecimento e consiste na passagem de um estado de menor equilíbrio para um estado qualitativamente superior de equilíbrio.

Muitas vezes, a escola, equivocadamente, considera a matemática um conhecimento social e, portanto, adquirido por simples transmissão de conhecimentos. No entanto, ela é, predominantemente, conhecimento lógico-matemático e, assim, necessita de construção por parte do sujeito que aprende.

Dessa forma, é importante que o professor trabalhe com conteúdos que interessem à criança, pois quanto mais ela estiver envolvida, mais poderá fazer relações que possibilitem o desenvolvimento da estrutura lógico-matemática.

INDICAÇÕES CULTURAIS

Filme

JEAN Piaget. Direção: Régis Horta. Brasil, Paulus, 2006. 1 cassete (57 min): son., color. Coleção Grandes Pensadores.

O vídeo apresenta, de forma clara, os principais conceitos piagetianos. Apresentado por Yves De La Taille, mostra exemplos práticos, dos conceitos que vão sendo analisados ao longo do filme. Ilustra de forma sucinta os períodos do desenvolvimento mental propostos por Piaget e as principais características de cada um desses períodos.

Livros

KAMII, C. **A criança e o número**: implicações da teoria de Piaget para a atuação junto a escolares de 4 a 6 anos. Tradução de Regina A. de Assis. 30. ed. Campinas: Papirus, 2003.

O livro aborda conceitos essenciais relacionados ao processo de construção do número. A autora destaca os três tipos de conhecimentos (social, físico e lógico-matemático) propostos por Piaget e o papel das abstrações (empírica e reflexiva). Os princípios de ensino e os objetivos que o professor deve considerar ao estimular a construção do número pela criança são apresentados de forma clara e sucinta, bem como também é apresentada uma grande variedade de jogos e de atividades diárias

PIAGET, J. et al. **Abstração reflexionante**: relações lógico-aritméticas e ordem das relações espaciais. Tradução de Fernando Becker e Petronilha B. G. da Silva. Porto Alegre: Artes Médicas, 1995.

Essa obra traz as conceituações teóricas dos diferentes tipos de abstrações propostas por Piaget e suas aplicações práticas envolvendo experimentos sobre relações lógico-aritméticas e ordem das relações espaciais, discutindo a evolução dos níveis de abstração em cada um dos experimentos apresentados.

Atividades de autoavaliação

1. Leia as afirmativas a seguir e assinale (V) para verdadeiro ou (F) para falso, marcando, em seguida, a alternativa que indica a sequência correta:
   ( ) Piaget destaca como fatores do desenvolvimento mental: interação, experiência física, transmissão social e equilibração.
   ( ) A abstração empírica está relacionada com o conhecimento lógico-matemático.
   ( ) O processo de equilibração consiste em alcançar maior equilíbrio quantitativo.
   ( ) Há dois aspectos indissociáveis na abstração reflexiva: o reflexionamento e a reflexão.
   a) F, F, F, V.
   b) V, V, F, F.
   c) V, F, F, V.
   d) V, F, V, V.

2. Com base na leitura do capítulo sobre conhecimento lógico-matemático, assinale a alternativa que mais esteja de acordo com o texto:
   a) Piaget define três tipos de conhecimento: físico, social e lógico-matemático. Enquanto o conhecimento físico ocorre antes de a criança entrar na escola, o conhecimento social e lógico-matemático ocorre durante o ensino fundamental.

b) Enquanto as fontes dos conhecimentos físico e social são externas, a fonte de conhecimento lógico-matemático é interna.

c) É fundamental que o professor ensine os números e as operações desde o início das séries iniciais do ensino fundamental, já que a matemática é, predominantemente, conhecimento social.

d) O conhecimento físico é externo ao sujeito e, portanto, não depende dele, mas sim do professor que está ensinando matemática.

3. Considerando o conhecimento lógico-matemático e suas implicações, abordados neste capítulo, marque a alternativa INCORRETA:

a) O conhecimento social é utilizado na escola.

b) O nome das pessoas é um conhecimento social.

c) A atividade da criança é fundamental na construção dos conhecimentos.

d) Quando a criança já sabe recitar os números de 1 a 10, trata-se de um conhecimento lógico-matemático.

4. Piaget propõe os conceitos de abstrações empírica e reflexiva e suas conceituações e aplicações. Leia as afirmativas a seguir e assinale (V) para verdadeiro ou (F) para falso:

( ) A abstração empírica retira as informações dos objetos, considerando certas propriedades destes em detrimento de outras.

( ) A abstração empírica está diretamente ligada à coordenação das ações pelo sujeito.

( ) A abstração reflexiva é diferente da abstração empírica pelo fato de centrar-se nas operações ou relações gerais do sujeito

( ) Tanto a abstração empírica quanto a abstração reflexiva ocorrem durante toda a nossa vida.

Marque a alternativa que corresponde à ordem correta:

a) V, V, V, V.

b) V, F, V, V.

c) F, V, V, V.

d) V, V, F, V.

5. Com base nos conceitos trabalhados neste capítulo a respeito da construção do número, assinale a alternativa que está mais de acordo com eles:

a) As estruturas numéricas e aritméticas e a lógica são construídas por meio dos processos de abstração reflexiva, sendo que essas estruturas podem ser apreendidas por meio da interação do sujeito com o objeto de conhecimento.

b) O número é essencialmente conhecimento social, embora também englobe uma parte de conhecimento físico e conhecimento lógico-matemático.

c) O número deve ser trabalhado com a criança desde a educação infantil. Por meio de atividades como a recitação, o preenchimento de linhas com os algarismos e a observação de cartazes com as quantidades, a criança poderá construir a noção de número.

d) O professor não deve ensinar números na educação infantil, mas deixar partir da criança as ideias de número e suas aplicações. Assim, somente no ensino fundamental é que estes devem ser ensinados para as crianças.

Atividades de aprendizagem

Questões para reflexão

1. Piaget aponta a existência de três tipos de conhecimento. Defina-os e apresente exemplos para cada caso.

2. Comente a frase a seguir, concordando com ela ou discordando dela: "A matemática é conhecimento social".

Atividades aplicadas: prática

1. Com base no que foi discutido neste capítulo, proponha três atividades para crianças do primeiro ao quinto ano do ensino fundamental que envolvam o trabalho com o conhecimento lógico-matemático.

Planeje as atividades antes de aplicá-las e depois escreva sobre o que ocorreu durante a sua aplicação, destacando:

a) o interesse das crianças envolvidas;

b) as principais dificuldades das crianças ao realizarem as atividades;

c) as suas principais dificuldades no momento da aplicação das atividades;

d) as principais relações que as crianças fizeram no decorrer das atividades;

e) algumas das intervenções feitas por você durante a realização das atividades.

2. Visite uma escola de educação infantil e observe duas salas de aula de faixas etárias diferentes. Durante a observação, analise como os(as) professores(as) trabalham com os três tipos de conhecimento, destacando se há um equilíbrio nesse trabalho, considerando os três tipos de conhecimento, ou se elas privilegiam algum deles. Destaque também algumas situações observadas e as reações das crianças diante das descobertas e das construções durante sua estada nas salas de aula.

Conteúdos básicos do ensino de matemática

Neste capítulo, abordaremos os conteúdos básicos para o ensino da matemática na educação infantil e nas séries iniciais do ensino fundamental. A princípio, trataremos da educação infantil e, em seguida, das séries iniciais do ensino fundamental, destacando os principais campos abordados nos conteúdos desses níveis de ensino.

Antes, porém, gostaríamos de ressaltar a importância das opções teóricas do educador, pois a partir delas ele poderá trabalhar os conteúdos de forma estática ou dinâmica.

Partimos do princípio de que o professor tem o papel de incentivar o processo construtivo, corroborando Kamii e Devries (1991a, p. 20-26) quando eles asseveram que:

> 1) Em relação aos adultos, gostaríamos que as crianças desenvolvessem sua autonomia através de relações seguras nas quais o poder do adulto seja reduzido ao máximo possível. [...]
>
> 2) Em relação aos colegas, gostaríamos que as crianças desenvolvessem a capacidade de descentrar e coordenar diferentes pontos de vista. [...]

3) Em relação à aprendizagem, gostaríamos que as crianças fossem alertas, curiosas, críticas e confiantes na sua habilidade de resolver questões e de dizer o que honestamente pensam. Gostaríamos também que tivessem iniciativa, levantassem ideias, problemas e questões interessantes e colocassem as coisas em relação umas com as outras.

3.1 Conteúdos de matemática para a educação infantil

O contato com a matemática ocorre muito cedo na vida das crianças. Mesmo antes de entrarem na escola, elas vivenciam situações em suas brincadeiras que envolvem números, quantidades, noções de espaço, etc. Observam os pais utilizando dinheiro, fazendo contas, marcando números de telefones, números de casas, números nas placas de carros, entre tantas outras atividades em que a matemática se apresenta.

Ao ingressarem na educação infantil, as crianças trazem consigo o que chamamos de *conhecimento prévio* sobre o mundo ao seu redor. Esse conhecimento diferencia-se de criança para criança e sofre influência do meio em que ela está inserida. Um meio social mais favorecido de estímulos, no qual a criança observe a função social do número, por exemplo, favorece a construção dos conhecimentos prévios. Assim, é importante o professor partir do ponto em que as crianças se encontram em relação ao conhecimento, e não daquele que gostaria que todas estivessem.

Diante desse contexto, as crianças criam estratégias para resolver situações diárias. Por essa razão a escola deve considerar essa vivência da criança ao se propor a auxiliá-la na aquisição de novos conhecimentos matemáticos.

Piaget (1973, p. 320) acredita que a criança cria sozinha, de forma independente e espontânea, uma parte dos conceitos matemáticos, sendo que, "quando os adultos tentam impor, prematuramente, os conceitos matemáticos a uma criança, sua aprendizagem é apenas verbal; a verdadeira compreensão que tem deles só ocorre com o crescimento mental".

Diante disso, os jogos e as brincadeiras infantis podem se constituir em fortes aliados para o trabalho com a matemática na educação infantil. No entanto, é preciso esclarecer que o papel do professor será o que fará a diferença.

De acordo com o Referencial Curricular Nacional para a Educação Infantil:

> O jogo pode tornar-se uma estratégia didática quando as situações são planejadas e orientadas pelo adulto visando a uma finalidade de aprendizagem, isto é, proporcionar à criança algum tipo de conhecimento, alguma relação ou atitude. Para que isso ocorra, é necessário haver uma intencionalidade educativa, o que implica planejamento e previsão de etapas pelo professor, para alcançar objetivos predeterminados e extrair do jogo atividades que lhe são decorrentes. (Brasil, 1998, p. 211)

A resolução de problemas pode ser explorada desde a educação infantil, considerando-se os conhecimentos prévios das crianças e as estratégias que elas utilizam para a ampliação destes, assim como também o trabalho com a percepção matemática. O senso matemático infantil deve ser explorado pelo professor em situações escolares que possibilitem à criança levantar hipóteses, buscar soluções, utilizar estratégias próprias, observar, interagir e trocar ideias com seus colegas.

É preciso ater-se ao fato de que o longo caminho a ser percorrido na escola pela criança, em relação à aprendizagem da matemática, precisa ter um início positivo, já que esse início será a base para o significado que a matemática representará na vida dela.

Nesse sentido, Lorenzato (2006b, p. 23) destaca a ocorrência de duas diferentes contribuições negativas que podem afetar esse trabalho e, portanto, precisam ser consideradas para não atrapalharem o processo de aprendizagem matemática:

> a primeira vem dos próprios professores, que não incluem no processo de exploração Matemática inúmeras atividades, por julgá-las muito simples e, portanto, desnecessárias ou inúteis à aprendizagem;

a segunda vem dos pais, que cobram da pré-escola o ensino dos numerais e até mesmo de algumas "continhas".

Segundo ainda Lorenzato (2006b, p. 24), o trabalho do professor, considerando os conhecimentos prévios dos alunos, pode ser iniciado pela introdução verbal das seguintes noções:

> grande/pequeno, maior/menor, grosso/fino, curto/comprido, alto/baixo, largo/estreito, perto/longe, leve/pesado, vazio/cheio; mais/menos, muito/pouco, igual/diferente, dentro/fora, começo/meio/fim, antes/agora/depois, cedo/tarde, dia/noite, ontem/hoje/amanhã, devagar/depressa; aberto/fechado, em cima/embaixo, direita/esquerda, primeiro/último/entre, na frente/atrás/ao lado, para frente/para trás/para o lado, para a direita/para a esquerda, para cima/para baixo, ganhar/perder, aumentar/diminuir.

O mesmo autor ainda destaca sete processos mentais básicos para a aprendizagem da matemática: correspondência, comparação, classificação, sequenciação, seriação, inclusão e conservação. Lembramos que ter uma determinada idade não significa que a criança realmente construiu esses processos, pois essa construção vai depender da interação que ela estabelece com o meio. Quanto mais desafiante for esse meio, maiores serão as chances de ela realizar essa construção.

É importante, então, que o professor organize seu planejamento utilizando os diferentes campos de conhecimento matemático, explorando as diferentes noções matemáticas envolvidas. Ressaltamos, nesse ponto, a importância de ele também trabalhar a mesma noção de maneiras diferentes, valorizando a utilização de materiais concretos.

É comum observarmos, nas escolas de educação infantil, muitas vezes, uma grande pressão por parte dos pais com relação a atividades escritas contendo operações no papel. Tendo em vista esse fato, escola deve deixar clara a importância de se trabalhar com o concreto nessa faixa etária e também que a utilização da notação escrita não significa compreensão, assim como recitar os números também não significa compreender os princípios da contagem.

Na educação infantil, a criança chega repleta de curiosidades e cheia de "porquês". Sendo assim, a escola deve aproveitar essa curiosidade para explorar as percepções matemáticas nesse nível.

O Referencial Curricular Nacional para a Educação Infantil divide o eixo da matemática, considerando as especificidades das idades: crianças de 0 a 3 anos de idade e crianças de 4 a 6 anos de idade.

Para as crianças de 0 a 3 anos, é esperado que elas tenham a capacidade de "estabelecer aproximações a algumas noções matemáticas presentes no seu cotidiano, como contagem, relações espaciais etc." (Brasil, 1998, p. 215).

Para as crianças de 4 a 6 anos, e pensando na ampliação do trabalho realizado com as crianças de 0 a 3 anos, constituem objetivos:

- reconhecer e valorizar os números, as operações numéricas, as contagens orais e as noções espaciais como ferramentas necessárias no seu cotidiano;
- comunicar ideias Matemáticas, hipóteses, processos utilizados e resultados encontrados em situações-problema relativas a quantidades, espaço físico e medida, utilizando a linguagem oral e a linguagem Matemática;
- ter confiança em suas próprias estratégias e na sua capacidade para lidar com situações Matemáticas novas, utilizando seus conhecimentos prévios. (Brasil, 1998, p. 215)

As crianças no período de 0 a 3 anos apresentam um grande desenvolvimento por meio da exploração do mundo ao seu redor e das relações que conseguem estabelecer com esse mundo.

A exploração dos espaços pelas crianças, principalmente por meio dos desafios que se apresentam – passar por baixo, por dentro, por cima, engatinhando ou andando –, possibilita o início da construção das noções de espaço.

As brincadeiras de faz de conta, de encaixe, de empilhamento podem explorar situações que envolvam classificações e comparações.

Para as crianças de 0 a 3 anos, são sugeridos como conteúdos:

- Utilização da contagem oral, de noções de quantidade, de tempo e de espaço em jogos, brincadeiras e músicas junto com o professor e nos diversos contextos nos quais as crianças reconheçam essa utilização como necessária.
- Manipulação e exploração de objetos e brinquedos, em situações organizadas de forma a existirem quantidades individuais suficientes para que cada criança possa descobrir as características e propriedades principais e suas possibilidades associativas: empilhar, rolar, transvasar, encaixar etc. (Brasil, 1998, p. 217-218)

Em relação às crianças de 4 a 6 anos, o Referencial Curricular Nacional para a Educação Infantil sugere três blocos de conteúdos: números e sistemas de numeração, grandezas e medidas, espaço e forma.

O bloco NÚMEROS E SISTEMAS DE NUMERAÇÃO engloba contagem, notação e escrita numéricas e as operações matemáticas:

- Utilização da contagem oral nas brincadeiras e em situações nas quais as crianças reconheçam sua necessidade.
- Utilização de noções simples de cálculo mental como ferramenta para resolver problemas.
- Comunicação de quantidades, utilizando a linguagem oral, a notação numérica e/ou registros não convencionais.
- Identificação da posição de um objeto ou número numa série, explicitando a noção de sucessor e antecessor.
- Identificação de números nos diferentes contextos em que se encontram.
- Comparação de escritas numéricas, identificando algumas regularidades. (Brasil, 1998, p. 219-220)

A contagem pela linguagem oral é estimulada nas crianças desde muito cedo. É comum ouvirmos pais orgulhosos pedindo para as crianças contarem. A criança o faz como se fosse uma brincadeira, sem realmente ter a compreensão do que significa a contagem.

No entanto, as situações que englobam recitação podem favorecer o progresso na aprendizagem matemática. Para exemplificar situações que utilizam recitação temos:

- jogos de esconder ou de pega, nos quais um dos participantes deve contar, enquanto espera os outros se posicionarem;
- brincadeiras e cantigas que incluem diferentes formas de contagem: "a galinha do vizinho bota ovo amarelinho; bota um, bota dois, bota três, bota quatro, bota cinco, bota seis, bota sete, bota oito, bota nove e bota dez"; "um, dois feijão com arroz; três, quatro, feijão no prato; cinco, seis, feijão inglês; sete, oito, comer biscoito; nove, dez, comer pastéis. (Brasil, 1998, p. 221)

No início da contagem, a criança pode contar o mesmo elemento duas vezes, esquecer de contar algum elemento e perceber, ainda, que pode usar ordens diferentes para contar. Somente mais tarde construirá a noção de ordem que será uma das noções que sustentarão a compreensão do número juntamente com a inclusão.

As notações e a escrita numérica também estão presentes na vida diária das crianças. As regras e regularidades do sistema numérico podem ser abordadas de diversas formas: confecção de livros; exploração de histórias infantis; criação de coleções de objetos de interesse das crianças; marcação de calendários; elaboração de cartazes de aniversariantes da turma; elaboração e marcação de cartazes de chamada e de tempo; jogos de adivinhação; jogos de dado; jogos envolvendo cartas de baralho; brincadeiras que envolvem ordem.

Nas situações de jogos, podem ser trabalhadas as operações, usando-se materiais de contagem, papel ou, ainda, os próprios dedos, pois nessas circunstâncias poderemos comparar quantidades. Podem ser sugeridas situações em que as crianças tenham de resolver problemas aritméticos com suas próprias estratégias, em vez de trabalhar com operações descontextualizadas.

O trabalho com resolução de problemas na educação infantil é enfocado por Smole, Diniz e Cândido (2003), que destacam uma grande variedade de tipos de problemas que podem ser usados pelo professor: problemas a partir de adivinhas, que envolvem simulações da realidade; a partir de uma figura, com situações propostas a partir do cotidiano; a partir de jogos; a partir de materiais didáticos, para serem resolvidos com material manipulável; a partir de um material; a partir de um cenário, de um texto etc.

Em relação ao bloco GRANDEZAS e MEDIDAS, temos como conteúdos sugeridos:

- Exploração de diferentes procedimentos para comparar grandezas.
- Introdução às noções de medida de comprimento, peso, volume e tempo, pela utilização de unidades convencionais e não convencionais.
- Marcação do tempo por meio de calendários.
- Experiências com dinheiro em brincadeiras ou em situações de interesse das crianças. (Brasil, 1998, p. 225)

Em seu convívio social, a criança tem contato com variadas situações que envolvem medidas, o que pode despertar a sua curiosidade. Como exemplo, podemos citar atividades de culinária, comparação de tamanhos, pesos e quantidades, marcação do tempo. É interessante proporcionar também o uso de unidades de medidas não convencionais, como: pedaços de barbante, passos, mãos etc.

A marcação do tempo e suas regularidades podem ser observadas no trabalho com calendários.

O uso do dinheiro também atrai as crianças nas brincadeiras de faz-de-conta, de comprar e vender, pois estimula a contagem e o cálculo mental.

O bloco ESPAÇO E FORMA apresenta como conteúdos:

- Explicitação e/ou representação da posição de pessoas e objetos, utilizando vocabulário pertinente nos jogos, nas brincadeiras e nas diversas situações nas quais as crianças considerarem necessário [sic] essa ação.
- Exploração e identificação de propriedades geométricas de objetos e figuras, como formas, tipos de contornos, bidimensionalidade, tridimensionalidade, faces planas, lados retos etc.
- Representações bidimensionais e tridimensionais de objetos.
- Identificação de pontos de referência para situar-se e deslocar-se no espaço.
- Descrição e representação de pequenos percursos e trajetos, observando pontos de referência. (Brasil, 1998, p. 229)

As experiências iniciais são em torno da estruturação do espaço. Para isso, podem ser usados jogos e brincadeiras. Além disso, o trabalho com o espaço pode ocorrer por meio de situações que possibilitem:

> o uso de figuras, desenhos, fotos e certos tipos de mapas para a descrição e representação de caminhos, itinerários, lugares, localizações etc. Pode-se aproveitar, por exemplo, passeios pela região próxima à instituição ou a locais específicos, como a praia, a feira, a praça, o campo, para incentivar a pesquisa de informações sobre localização, caminhos a serem percorridos etc. Durante esse trabalho, é possível introduzir nomes de referência da região, como bairros, zonas ou locais aonde se vai, e procurar localizá-los nos mapas ou guias da cidade. (Brasil, 1998, p. 233)

O professor pode propor situações de aprendizagem que envolvam a estrutura de espaço conforme a especificidade de sua escola e, a partir dessas situações, apresentar uma intervenção pedagógica adequada para a construção da noção de espaço pela criança.

A seguir, faremos uma breve análise dos conteúdos de matemática para o ensino fundamental.

3.2 Os conteúdos de matemática para o ensino fundamental: aspectos gerais

Ao propormos uma reflexão sobre o ensino da matemática, é fundamental analisar as variáveis envolvidas no processo e as relações entre elas. Os PCN, no volume dedicado à matemática, abordam três aspectos que devem ser considerados pelo professor antes mesmo de ele pensar nos conteúdos a serem trabalhados:

- identificar as principais características dessa ciência, de seus métodos, de suas ramificações e aplicações;
- conhecer a história de vida dos alunos, sua vivência de aprendizagens fundamentais, seus conhecimentos informais sobre um dado assunto, suas condições sociológicas, psicológicas e culturais;

> • ter clareza de suas próprias concepções sobre a Matemática, uma vez que a prática em sala de aula, as escolhas pedagógicas, a definição de objetivos e conteúdos de ensino e as formas de avaliação estão intimamente ligadas a essas concepções. (Brasil, 2001b, p. 37)

A matemática, na maioria das vezes, vem sendo ensinada como uma ciência acabada, construída e exata; impregnada de regras prontas que exigem do aluno uma grande capacidade de memorização de dados, ocupando a posição de ser passivo diante de tantas informações a serem armazenadas.

É necessário, entretanto, valorizar a pesquisa espontânea da criança ou do adolescente, permitindo que a verdade, em vez de ser puramente transmitida, possa ser reinventada ou reconstruída por eles. Isso não quer dizer que o professor perde suas funções, deixando os alunos livres para trabalhar, mas que ele deve criar situações-problema úteis e que proporcionem reflexões para a criança. Dessa forma, ele desempenha o papel de estimulador, deixando de ser mero transmissor de coisas prontas. Para isso, precisa manter-se bem informado não só quanto à sua especialidade, mas também quanto ao desenvolvimento cognitivo de seus alunos.

Os estudos de Kamii e Devries (1991a), Kamii e Livingston (1994) e Kamii e Declarck (1996) também nos mostram a tendência de se ensinar matemática como técnica nas escolas, enfatizando a explicação e a exposição dos conteúdos por parte do professor e a atenção e a memorização por parte dos alunos. Esses autores acreditam que é preciso haver uma transformação nesse quadro, levando-se em consideração o desenvolvimento intelectual das crianças.

É notória a quantidade de estudos que apontam a necessidade de serem considerados os conhecimentos prévios dos alunos, partindo de onde eles já sabem, a fim de favorecer a construção de novos conhecimentos.

Nesse sentido, o trabalho de Carraher et al. (1982) chama a atenção para o fato de o desempenho dos alunos na escola ser inferior ao desempenho que apresentam fora dela. Os autores fizeram um estudo exploratório com cinco crianças e adolescentes na faixa etária entre nove e quinze anos, com escolaridade entre o quarto e o nono ano do ensino fundamental, com os quais foi aplicado um teste informal e um teste formal.

O teste informal incluiu problemas verbais de matemática, os quais partiam do contexto em que viviam as crianças (transações comerciais realizadas nas atividades de vendedores ambulantes, feirantes etc. exercidas por seus pais). O experimentador propunha questões a fim de esclarecer os processos utilizados pelos sujeitos para chegarem às respostas. O teste formal envolveu problemas referentes às operações aritméticas. Foi realizado em papel, como ocorre na escola, e não tinham relação com as experiências vividas pelos sujeitos. Os resultados mostraram que há uma grande discrepância entre a *performance* nos diferentes contextos. Os autores destacam que os sujeitos "demonstram utilizar métodos de resolução de problemas que, embora totalmente corretos, não são aproveitados pela escola" (Carraher et al., 1982, p. 85).

Nesse contexto, é necessário que os conteúdos a serem desenvolvidos no ensino fundamental sejam repensados sob o enfoque da construção, e não da mera reprodução.

Ao professor, não basta somente ter conhecimentos da matemática para conseguir ensiná-la, e sim conhecer o desenvolvimento psicológico da inteligência matemática espontânea de seus alunos, ou seja, o desenvolvimento cognitivo e a relação com a matemática das crianças e dos adolescentes. Outro aspecto destacado por Piaget (1989, p. 6) é a questão da linguagem do professor, a qual precisa se colocar na perspectiva concreta de seus alunos:

> o problema prático difícil a resolver é de enxertar as noções do tipo geral que o professor conhece na sua própria linguagem, nos casos particulares dessas mesmas noções, construídas e utilizadas pelas crianças, mas sem que elas sejam ainda para eles objeto de reflexão, nem fontes de generalização.

Atento a esse fato, independente do nível de desenvolvimento dos seus alunos, o professor pode seguir três princípios psicopedagógicos, como afirma Piaget (1989, p. 7-8):

1) a compreensão real de uma noção ou de uma teoria implica em sua reinvenção pelo sujeito,
2) em todos os níveis, o aluno é capaz de "fazer" e de compreender emoções "antes" que ele possa exprimi-los verbalmente, sendo os processos de tomada de consciência posterior,
3) partir da representação ou modelos correspondente [sic] à lógica "natural" do nível considerado dos alunos, e reservar a formalização para mas [sic] tarde, a título de coroamento e de sistematização das noções já adquiridas.

Como foi abordado no primeiro capítulo, a história da matemática, construída de forma não linear com as dificuldades encontradas pelo homem ao longo do tempo, constitui-se em um recurso interessante para dar uma visão mais dinâmica aos conteúdos matemáticos.

Além da história da matemática, os PCN para o ensino de matemática (Brasil, 2001b) apontam outros caminhos para a prática do professor dessa disciplina: o recurso à resolução de problemas, às tecnologias da informação e aos jogos.

Para que o trabalho com a resolução de problemas realmente desempenhe seu papel, é preciso ir além das simples aplicações de conhecimentos já adquiridos pelos alunos. De acordo com os PCN para o ensino de matemática, há cinco princípios defendidos quando se propõe o foco na resolução de problemas:

- o ponto de partida da atividade Matemática não é a definição, mas o problema. No processo de ensino e aprendizagem, conceitos, ideias e métodos matemáticos devem ser abordados mediante a exploração de problemas, ou seja, de situações em que os alunos precisem desenvolver algum tipo de estratégia para resolvê-las;
- o problema certamente não é um exercício em que o aluno aplica, de forma quase mecânica, uma fórmula ou um processo operatório. Só há problema se o aluno for levado a interpretar o enunciado da questão que lhe é posta e a estruturar a situação que lhe é apresentada;
- aproximações sucessivas ao conceito são construídas para resolver um certo tipo de problema; num outro momento, o aluno utiliza o

que aprendeu para resolver outros, o que exige transferências, retificações, rupturas, segundo um processo análogo ao que se pode observar na história da Matemática;
- o aluno não constrói um conceito em resposta a um problema, mas constrói um campo de conceitos que tomam sentido num campo de problemas. Um conceito matemático se constrói articulado com outros conceitos, por meio de uma série de retificações e generalizações;
- a resolução de problemas não é uma atividade para ser desenvolvida em paralelo ou como aplicação da aprendizagem, mas uma orientação para a aprendizagem, pois proporciona o contexto em que se pode apreender conceitos, procedimentos e atitudes Matemáticas. (Brasil, 2001b, p. 43-44)

Muitas vezes, os problemas não têm sido explorados de maneira adequada pelos professores, anulando a oportunidade de estimular a construção do conhecimento pelos alunos. Lorenzato (2006b, p. 40) relaciona esse fato à forma como fomos ensinados na nossa vida escolar:

> a maneira inadequada pela qual muitos de nós fomos levados a resolver problema quando criança talvez seja um dos fatores responsáveis pelas consequências que sofremos. Sem ter vivenciado a situação-problema, sem ter tido oportunidade de manipular objetos, nem de representá-los, sem conseguir fazer a tradução de uma linguagem para outra, com o problema escrito sendo apresentado, na primeira série, para ser resolvido na linguagem Matemática, como mostra o exemplo: "Tenho dez crianças. Quero dar uma bola para cada duas crianças. Quantas bolas devo ter? esperava-se que fizéssemos 10:2=5. Não fazíamos. E perguntávamos: "a conta é de vezes ou de dividir?"

O papel do professor é o de permitir que as crianças discutam o problema, mostrem os procedimentos para resolvê-los, troquem ideias, além de intervir, quando necessário, com questões que promovam o desenvolvimento do raciocínio do aluno.

Nesse sentido, Moreno et al. (1987, p. 10) ressaltam que "é necessário pensar e raciocinar para conhecer as causas, porque conhecer-se a si mesmo, as próprias reações, conhecer aos demais, saber quais são os seus problemas, como respondem à nossa maneira de agir, é tão ou mais importante que aprender Matemática ou história".

Quando um estudante fracassa em matemática, isso pode estar ocorrendo porque ele percebe apenas uma forma de resolver um determinado tipo problema. Toledo e Toledo (1997, p. 133) definem esse quadro ao se referirem, como exemplo, a um tipo de operação: "muitos alunos imaginam que a multiplicação (ou mesmo qualquer outra) só pode ser realizada pelo método que aprendem na escola. Isso os leva a crer que a matemática é uma coleção de regras que têm de ser obedecidas, pois do contrário 'não dá'".

Os professores poderiam não só considerar as diferentes estratégias de resolução adotadas pelas crianças, mas também incentivá-las. Dessa forma, o fracasso relacionado à matemática poderia ser revertido, já que "não é possível culpar as crianças de seus fracassos na escola: a escola precisa descobrir o conhecimento dessas crianças e expandi-lo" (Toledo; Toledo, 1997, p. 167).

Ao estudar os processos de ensino e de aprendizagem na educação matemática, principalmente na resolução de problemas, Onuchic (1999, p. 211) ressalta que "resolver problemas é um bom caminho para se ensinar matemática. Entretanto, os problemas não têm desempenhado bem seu papel no ensino, pois, na melhor das hipóteses, são utilizados apenas como uma forma de aplicação de conhecimentos anteriormente adquiridos pelos alunos".

Outro caminho para o ensino da matemática diz respeito às tecnologias da informação, que se constituem em um desafio para a escola acompanhar as novas formas de comunicar e conhecer. Grande parte da população já tem acesso, fora da escola, a computadores e calculadoras, recursos muito utilizados em seu dia a dia. Dentro da escola, o professor é imprescindível nesse processo, como destacam Guimarães, Inocêncio e Correa (2008, p. 3):

> ao contrário do que muitas vezes se pensa, o papel do professor no uso das novas tecnologias continua sendo fundamental. É importante ressaltar que as tecnologias são extremamente importantes, mas a seleção das mesmas, as intervenções pedagógicas e o encaminhamento das aprendizagens são todos orientados pelo professor.

Ao contrário do que se pensava antes, a calculadora pode ser um elemento motivador no ensino, contribuindo para sua melhora. A grande questão é a forma como a escola explora esse recurso, possibilitando ou não que ele seja um suporte ou um desafio ao pensamento.

Para exemplificar, podemos propor a seguinte atividade: "Você consegue fazer aparecer no visor de sua calculadora o número 24, usando todas as teclas, menos as referentes aos números 2 e 4?"

Para responder a esse desafio, o aluno lançará mão do cálculo mental, buscando operações cujo resultado dê 24, como, por exemplo: 3x8, 8x3, 8+8+8, 18+6, 30-6, 1+1+1+... (ou seja, 24 vezes o número 1) etc. Além disso, quando incentivados a descobrir outras possibilidades de respostas, podem continuar trabalhando o raciocínio.

O computador é outro recurso que também pode ser um grande aliado nas aulas de matemática. Entretanto, infelizmente, ele tem conseguido pouco espaço nas escolas. Muitas vezes, os professores, por não possuírem intimidade com essa tecnologia, acabam deixando de lado esse importante e motivador recurso, como destacam os PCN para o ensino de matemática:

> O computador pode ser usado como elemento de apoio para o ensino (banco de dados, elementos visuais), mas também como fonte de aprendizagem e como ferramenta para o desenvolvimento de habilidades. O trabalho com o computador pode ensinar o aluno a aprender com seus erros e a aprender junto com seus colegas, trocando suas produções e comparando-as. (Brasil, 2001b, p. 48)

O uso que se faz da informática na educação depende muito das experiências e da possibilidade de abertura ao novo que o professor possui, como assevera Moran (2000, p. 63):

> faremos com as tecnologias mais avançadas o mesmo que fazemos conosco, com os outros, com a vida. Se somos pessoas abertas, iremos utilizá-las para nos comunicarmos mais, para interagirmos melhor. Se somos pessoas fechadas, desconfiadas, utilizaremos as tecnologias de forma defensiva, superficial. Se somos pessoas autoritárias, utilizaremos as tecnologias para controlar, para aumentar

nosso poder. O poder da interação não está fundamentalmente nas tecnologias, mas nas nossas mentes.

Juntamente com os recursos da informática, outro recurso que já conquistou um bom espaço nas aulas de matemática em nossas escolas é o do jogo. No entanto, é preciso ainda melhorar as intervenções pedagógicas realizadas pelos professores no que diz respeito a ele.

A partir do jogar e do refletir sobre a ação de jogar é que podemos pensar em um ensino voltado para a compreensão. A reflexão sobre a ação de jogar deve ser desencadeada pelo professor, caso contrário, o aluno fica restrito ao jogo pelo jogo, atividade que pouco tem a contribuir com a aprendizagem.

O jogo é altamente motivador para a criança em diferentes faixas etárias, pois possibilita a ela constatar seus erros e tentar eliminá-los nas próximas jogadas, melhorando suas estratégias para poder vencê-lo.*

Apresentaremos a seguir os conteúdos matemáticos para o ensino fundamental.

3.2.1 Os conteúdos para o primeiro ciclo do ensino fundamental

Antes de entrar nos conteúdos de matemática para o ensino fundamental, é importante destacar os objetivos para essa área, uma vez que os conteúdos devem estar de acordo com os propósitos traçados. Segundo os PCN para o ensino de matemática, os objetivos gerais para a matemática no ensino fundamental devem levar o aluno a:

- identificar os conhecimentos matemáticos como meios para compreender e transformar o mundo à sua volta e perceber o caráter de jogo intelectual, característico da Matemática, como aspecto

---

* Para saber mais sobre o jogo e sua aplicabilidade nas aulas de matemática, consulte o Capítulo 5 desta obra, o qual traz uma análise de um jogo específico e também exemplos de outros jogos que podem ser utilizados pelo professor.

que estimula o interesse, a curiosidade, o espírito de investigação e o desenvolvimento da capacidade para resolver problemas;
- fazer observações sistemáticas de aspectos quantitativos e qualitativos do ponto de vista do conhecimento e estabelecer o maior número possível de relações entre eles, utilizando para isso o conhecimento matemático (aritmético, geométrico, métrico, algébrico, estatístico, combinatório, probabilístico); selecionar, organizar e produzir informações relevantes, para interpretá-las e avaliá-las criticamente;
- resolver situações-problema, sabendo validar estratégias e resultados, desenvolvendo formas de raciocínio e processos, como dedução, indução, intuição, analogia, estimativa, e utilizando conceitos e procedimentos matemáticos, bem como instrumentos tecnológicos disponíveis;
- comunicar-se matematicamente, ou seja, descrever, representar e apresentar resultados com precisão e argumentar sobre suas conjecturas, fazendo uso da linguagem oral e estabelecendo relações entre ela e diferentes representações Matemáticas; estabelecer conexões entre temas matemáticos de diferentes campos e entre esses temas e conhecimentos de outras áreas curriculares;
- sentir-se seguro da própria capacidade de construir conhecimentos matemáticos, desenvolvendo a autoestima e a perseverança na busca de soluções;
- interagir com seus pares de forma cooperativa, trabalhando coletivamente na busca de soluções para problemas propostos, identificando aspectos consensuais ou não na discussão de um assunto, respeitando o modo de pensar dos colegas e aprendendo com eles. (Brasil, 2001b, p. 51-52)

Os currículos de matemática para o ensino fundamental englobam o âmbito dos números e das operações (aritmética e álgebra), o do espaço e das formas (geometria) e o das medidas (que possibilita a ligação entre os campos da artimética, da álgebra e da geometria) (Brasil, 2001b).

A grande questão que se apresenta é a seleção desses âmbitos, das competências, conhecimentos e valores mais relevantes e, ainda, como eles podem colaborar na construção do conhecimento lógico-matemático. Tão importante quanto o conteúdo em si é a forma como o professor irá ensiná-lo a partir de suas opções teóricas. Isso porque o número é construído desde a educação infantil, por meio de situações concretas que levam a criança a contar e a comparar quantidades.

As diferentes categorias numéricas podem ser trabalhadas levando-se em consideração os diferentes problemas que o homem enfrentou durante sua história. As situações-problema ampliam o conceito de número, englobando adição, subtração, multiplicação e divisão.

A compreensão das operações e de seus significados deve ser trabalhada em lugar da simples memorização de técnicas operatórias descontextualizadas.

A geometria é um campo deixado um pouco de lado nas aulas de matemática, ficando, muitas vezes, para o final do ano letivo, embora seja uma área que chama a atenção dos alunos e que pode contribuir para a aprendizagem de números e medidas, além de estabelecer relações com outras áreas de conhecimento. Uma das explicações para isso é a dificuldade que muitos professores encontram de trabalhar com essa área da matemática. Dependendo da forma como for abordada, ou melhor, "se esse trabalho for feito a partir da exploração dos objetos do mundo físico, de obras de arte, pinturas, desenhos, esculturas e artesanato, ele permitirá ao aluno estabelecer conexões entre a Matemática e outras áreas de conhecimento" (Brasil, 2001b, p. 56).

As grandezas e as medidas estão presentes em várias atividades de nossa vida e têm grande relevância prática e utilitária, consistindo em uma maneira de o aluno ver a aplicabilidade da matemática em sua vida. Além disso, possibilitam o trabalho com outras áreas, como pontuam os PCN para o Ensino de Matemática:

> as atividades em que as noções de grandeza e medida são exploradas proporcionam melhor compreensão de conceitos relativos ao espaço e às formas. São contextos muito ricos para o trabalho com os significados dos números e das operações, da ideia de proporcionalidade e escala, e um campo fértil para uma abordagem histórica. (Brasil, 2001b, p. 56)

Outro campo interessante e que possibilita aproximar a matemática da vida diária é o do tratamento da informação*. Com isso, o cidadão pode entender as informações que recebe diariamente por meio de gráficos, tabelas e dados estatísticos e usar, em seu raciocínio, a probabilidade e a combinatória.

Os conteúdos são organizados em ciclos no ensino fundamental. Para que isso aconteça, é importante que sejam considerados a variedade de conexões que podem ser estabelecidas entre os diferentes campos, a ênfase maior ou menor que deve ser dada a cada item e os níveis de aprofundamento dos conteúdos em função das possibilidades de compreensão dos alunos (Brasil, 2001b).

Antes de entrarmos nos conteúdos de matemática para o primeiro ciclo, é fundamental apresentar os objetivos para esse ciclo, já que os conteúdos devem estar de acordo com as determinações propostas para ele. Segundo os PCN para o ensino de matemática, no primeiro ciclo do ensino fundamental o aluno deve:

- Construir o significado do número natural a partir de seus diferentes usos no contexto social, explorando situações-problema que envolvam contagens, medidas e códigos numéricos.
- Interpretar e produzir escritas numéricas, levantando hipóteses sobre elas, com base na observação de regularidades, utilizando-se da linguagem oral, de registros informais e da linguagem Matemática.
- Resolver situações-problema e construir, a partir delas, os significados das operações fundamentais, buscando reconhecer que uma mesma operação está relacionada a problemas diferentes e um mesmo problema pode ser resolvido pelo uso de diferentes operações.
- Desenvolver procedimentos de cálculo — mental, escrito, exato, aproximado — pela observação de regularidades e de propriedades das operações e pela antecipação e verificação de resultados.

---

* *Tratamento da informação* é uma expressão utilizada nos PCN (Brasil, 2001b) e envolve as noções de estatística, probabilidade e combinatória.

- Refletir sobre a grandeza numérica, utilizando a calculadora como instrumento para produzir e analisar escritas.
- Estabelecer pontos de referência para situar-se, posicionar-se e deslocar-se no espaço, bem como para identificar relações de posição entre objetos no espaço; interpretar e fornecer instruções, usando terminologia adequada.
- Perceber semelhanças e diferenças entre objetos no espaço, identificando formas tridimensionais ou bidimensionais, em situações que envolvam descrições orais, construções e representações.
- Reconhecer grandezas mensuráveis, como comprimento, massa, capacidade e elaborar estratégias pessoais de medida.
- Utilizar informações sobre tempo e temperatura.
- Utilizar instrumentos de medida, usuais ou não, estimar resultados e expressá-los por meio de representações não necessariamente convencionais.
- Identificar o uso de tabelas e gráficos para facilitar a leitura e interpretação de informações e construir formas pessoais de registro para comunicar informações coletadas. (Brasil, 2001b , p. 65-66)

O trabalho do professor, no primeiro ciclo, deve priorizar a integração dos conteúdos, o estabelecimento de relações entre alguns conceitos matemáticos pelas crianças e, ainda, o desenvolvimento de atitudes diante da matemática.

Os objetivos e os blocos de conteúdos apresentados nos PCN para o ensino da matemática constituem ferramentas para o professor planejar seu trabalho pedagógico e as estratégias utilizadas em sua prática.

Segundo os PCN, as situações diárias favorecerão a construção das hipóteses sobre o significado dos números, conforme o exposto a seguir:

> As escritas numéricas podem ser apresentadas, num primeiro momento, sem que seja necessário compreendê-las e analisá-las pela explicitação de sua decomposição em ordens e classes (unidades, dezenas e centenas). Ou seja, as características do sistema de numeração são observadas, principalmente por meio da análise das representações numéricas e dos procedimentos de cálculo, em situações-problema. (Brasil, 2001b, p. 68)

As operações mais exploradas no primeiro ciclo são as de adição e de subtração e a calculadora pode ser um recurso para auxiliar na compreensão dos cálculos pelos alunos.

As atividades com geometria devem priorizar a localização e o estabelecimento de pontos de referência do que está em volta do aluno:

> é importante estimular os alunos a progredir na capacidade de estabelecer pontos de referência em seu entorno, a situar-se no espaço, deslocar-se nele, dando e recebendo instruções, compreendendo termos como esquerda, direita, distância, deslocamento, acima, abaixo, ao lado, na frente, atrás, perto, para descrever a posição, construindo itinerários. Também é importante que observem semelhanças e diferenças entre formas tridimensionais e bidimensionais, figuras planas e não planas, que construam e representem objetos de diferentes formas. (Brasil, 2001b, p. 68-69)

O sistema de medidas é visto, nesse ciclo, como a exploração de estratégias pessoais e de alguns instrumentos de medidas mais conhecidos, sem existir ainda a preocupação com a formalização.

O tratamento da informação leva a criança a desenvolver o espírito de pesquisa, procurando descrever e interpretar a realidade, fazer perguntas e estabelecer relações.

Podemos sintetizar os conteúdos, conforme Brasil (2001b, p. 70), através de

> atividades que aproximem o aluno das operações, dos números, das medidas, das formas e espaço e da organização de informações, pelo estabelecimento de vínculos com os conhecimentos com que ele chega à escola. Nesse trabalho, é fundamental que o aluno adquira confiança em sua própria capacidade para aprender Matemática e explore um bom repertório de problemas que lhe permitam avançar no processo de formação de conceitos.

Recomendamos ao leitor a pesquisa nos PCN para o ensino da matemática, a fim de verificar os conteúdos conceituais e os procedimentais propostos para cada campo dessa disciplina de forma mais detalhada:

números, numerais e sistema de numeração decimal; operações com números naturais; espaço e forma, grandezas e medidas.

Veremos, a seguir, pontos relevantes sobre os conteúdos para o segundo ciclo do ensino fundamental.

3.2.2 Os conteúdos para o segundo ciclo do ensino fundamental

Apesar de haver um avanço nesse ciclo, assim como no primeiro o professor deve considerar os conhecimentos prévios dos alunos e as generalizações ainda devem ser pautadas nos elementos concretos.

A capacidade verbal e a concentração da criança ampliam-se nesse ciclo, o que viabiliza a troca de pontos de vista e a auxilia a lidar melhor com as escritas numéricas.

Graças a essa possibilidade de trocas de pontos de vista, os alunos desse ciclo conseguem verificar e discutir as diferentes estratégias de solução de uma atividade matemática. Os objetivos desse ciclo, com relação à matemática, são os de levar o aluno a:

- Ampliar o significado do número natural pelo seu uso em situações-problema e pelo reconhecimento de relações e regularidades.
- Construir o significado do número racional e de suas representações (fracionária e decimal), a partir de seus diferentes usos no contexto social.
- Interpretar e produzir escritas numéricas, considerando as regras do sistema de numeração decimal e estendendo-as para a representação dos números racionais na forma decimal.
- Resolver problemas, consolidando alguns significados das operações fundamentais e construindo novos, em situações que envolvam números naturais e, em alguns casos, racionais.
- Ampliar os procedimentos de cálculo — mental, escrito, exato, aproximado — pelo conhecimento de regularidades dos fatos fundamentais, de propriedades das operações e pela antecipação e verificação de resultados.

- Refletir sobre procedimentos de cálculo que levem à ampliação do significado do número e das operações, utilizando a calculadora como estratégia de verificação de resultados.
- Estabelecer pontos de referência para interpretar e representar a localização e movimentação de pessoas ou objetos, utilizando terminologia adequada para descrever posições.
- Identificar características das figuras geométricas, percebendo semelhanças e diferenças entre elas, por meio de composição e decomposição, simetrias, ampliações e reduções.
- Recolher dados e informações, elaborar formas para organizá-los e expressá-los, interpretar dados apresentados sob forma de tabelas e gráficos e valorizar essa linguagem como forma de comunicação.
- Utilizar diferentes registros gráficos — desenhos, esquemas, escritas numéricas — como recurso para expressar ideias, ajudar a descobrir formas de resolução e comunicar estratégias e resultados.
- Identificar características de acontecimentos previsíveis ou aleatórios a partir de situações-problema, utilizando recursos estatísticos e probabilísticos.
- Construir o significado das medidas, a partir de situações-problema que expressem seu uso no contexto social e em outras áreas do conhecimento e possibilitem a comparação de grandezas de mesma natureza.
- Utilizar procedimentos e instrumentos de medida usuais ou não, selecionando o mais adequado em função da situação-problema e do grau de precisão do resultado.
- Representar resultados de medições, utilizando a terminologia convencional para as unidades mais usuais dos sistemas de medida, comparar com estimativas prévias e estabelecer relações entre diferentes unidades de medida.
- Demonstrar interesse para investigar, explorar e interpretar, em diferentes contextos do cotidiano e de outras áreas do conhecimento, os conceitos e procedimentos matemáticos abordados neste ciclo. (Brasil, 2001b, p. 81-82)

Novos conceitos são aliados àqueles vistos no primeiro ciclo, aprimorando os procedimentos conhecidos e desenvolvendo outros novos. Comparando o primeiro ciclo com o segundo, podemos afirmar:

> Se no primeiro ciclo o trabalho do professor centra-se na análise das hipóteses levantadas pelos alunos e na exploração das estratégias pessoais que desenvolvem para resolver situações-problema, neste ciclo ele pode dar alguns passos no sentido de levar seus alunos a compreenderem enunciados, terminologias e técnicas convencionais sem, no entanto, deixar de valorizar e estimular suas hipóteses e estratégias pessoais. (Brasil, 2001b, p. 83)

Ampliando as ideias sobre os números naturais, são apresentadas a noção de número racional e a compreensão de seus significados e representações. Os conceitos de operações aprofundam-se e os recursos de cálculo são ampliados, já que o aluno entende melhor o sistema de numeração decimal.

Diante da evolução desse ciclo em relação à verificação de estratégias e à compreensão dos problemas, a calculadora pode ser um recurso importante ao aluno para a análise de sua produção.

Em relação ao espaço e à forma, é fundamental ampliar as atividades exploratórias do espaço, permitindo as relações dos objetos no espaço e o uso de vocabulário adequado para designá-los. Para a representação do espaço, o professor pode utilizar mapas, guias, malhas e diagramas.

As figuras tridimensionais e bidimensionais devem ser utilizadas para observação do aluno, o que viabilizará a identificação de propriedades.

As grandezas e as medidas podem envolver a compreensão e a comparação de unidade de medida, uma vez que nesse ciclo é recomendável explorar os sistemas convencionais de medida, além dos sistemas não convencionais. As noções de temperatura e tempo também se ampliam no segundo ciclo.

O trabalho com o tratamento da informação permite o aprofundamento dos conceitos, possibilitando a produção de textos que têm como ponto de partida a interpretação de tabelas e gráficos, bem como a construção destes.

Os alunos, além de estabelecerem relação entre fatos, podem observar a frequência, fazer previsões e desenvolver as noções elementares de probabilidade.

Desse modo, de acordo com os PCN para o ensino de matemática (Brasil, 2001b, p. 85), assim se define a característica geral do segundo ciclo:

> o trabalho com atividades que permitem ao aluno progredir na construção de conceitos e procedimentos matemáticos. No entanto, esse ciclo não constitui um marco de terminalidade da aprendizagem desses conteúdos, o que significa que o trabalho com números naturais e racionais, operações, medidas, espaço e forma e o tratamento da informação deverá ter continuidade, para que o aluno alcance novos patamares de conhecimento.

Indicamos ao leitor o estudo nos PCN para o ensino de matemática no que se refere aos conteúdos conceituais e procedimentais propostos para cada campo da matemática, conforme recomendamos para o primeiro ciclo.

Síntese

O objetivo principal do presente capítulo foi apresentar uma breve análise dos conteúdos a serem trabalhados na educação infantil e nas séries iniciais do ensino fundamental, destacando o papel dos professores nesse processo.

A matemática se encontra presente desde muito cedo na vida das crianças. Antes mesmo de entrarem na escola, elas já têm contato com a função social do número, a partir do qual desenvolve estratégias próprias que irão auxiliá-la na aquisição dos conceitos matemáticos.

Segundo o Referencial Curricular Nacional para a Educação Infantil, o eixo da matemática é dividido entre as idades de 0 a 3 anos e de 4 a 6 anos. Em crianças de 0 a 3 anos, espera-se que seja desenvolvida a capacidade de aproximação de algumas noções matemáticas do seu cotidiano por meio da linguagem oral e da manipulação de objetos. Para as crianças de 4 a 6 anos, o eixo da matemática, segundo o Referencial Curricular Nacional para a Educação Infantil, propõe três blocos: números e sistemas de numeração, grandezas e medidas, espaço e forma.

Em relação ao ensino fundamental, foram apontados os objetivos para as séries iniciais de acordo com os ciclos (Brasil, 2001b). Valoriza-se a necessidade de a matemática fazer parte da vida da criança e ser ensinada como sendo de caráter investigativo.

Entre os caminhos para o ensino dos conteúdos matemáticos, são sugeridos os seguintes: história da matemática, resolução de problemas, tecnologia da informação e jogos.

O professor tem importante papel nesse processo, pois será o responsável pela criação de situações-problema que possam estimular e desafiar as crianças na aprendizagem dos conteúdos matemáticos.

Os conteúdos matemáticos nas séries iniciais do ensino fundamental são apresentados em dois ciclos, divididos em quatro blocos: números, numerais e sistema de numeração decimal, operações com números naturais, espaço e forma, grandezas e medidas.

INDICAÇÕES CULTURAIS

Livros

Livros Infantis da Coleção Tan tan - Editora Callis.

Essa coleção traz vários títulos que envolvem histórias que trabalham com conteúdos matemáticos importantes para a educação infantil e para as séries iniciais do ensino fundamental. Entre os títulos temos: "O mundo mágico dos números", "Separando as coisas", "O que cabe na mochila?", "Minha mão é uma régua", "Vamos adivinhar?", "Quem vai ficar com o pêssego?".

FURNARI, E. **Os problemas da família Gorgonzola**: desafios matemáticos. 4. ed. São Paulo: Global, 2001.

A autora apresenta um livro interativo, envolvendo desafios ao longo da história, a qual trabalha com conceitos matemáticos das séries iniciais do ensino fundamental. Ao longo do livro, são apresentados os personagens que compõem a família Gorgonzola e os problemas enfrentados por eles. Para auxiliá-los a resolver seus problemas, o leitor deverá resolver um problema matemático. Por meio do lúdico, são abordados conteúdos matemáticos de forma criativa.

SMOLE, K.; DINIZ, M. I.; CÂNDIDO, P. **Resolução de problemas**. Porto Alegre: Artmed, 2003.

A obra traz uma série de atividades envolvendo a resolução de problemas para a educação infantil. As autoras abordam diferentes propostas de se trabalhar com esse tema: problemas a partir de adivinhas; problemas que envolvem simulações da realidade; problemas a partir de uma figura; problemas com situações propostas a partir do cotidiano; problemas a partir de jogos; problemas a partir de materiais didáticos; problemas para serem resolvidos com material manipulável; problemas a partir de um material; problemas a partir de um cenário; problemas de texto. Para isso, além das atividades sugeridas, o livro é ilustrado com exemplos de estratégias de resolução utilizadas por crianças e uma análise teórica dessas resoluções.

BRASIL. Ministério da Educação. Secretaria de Educação Fundamental. **Referencial Curricular Nacional para a Educação Infantil**. Conhecimento de Mundo. Brasília, DF, 1998. v. 3.

O volume 3 do Referencial traz os eixos que dizem respeito ao conhecimento de mundo. Entre esses eixos está o da matemática, que é abordada segundo os conteúdos a serem tratados na educação infantil e as orientações didáticas importantes para o trabalho do professor.

BRASIL. Ministério da Educação. Secretaria de Educação Fundamental. **Parâmetros Curriculares Nacionais**. 3. ed. Brasília, DF, 2001. v. 8.

Os PCN para o ensino fundamental, em seu volume de matemática, traz uma reflexão sobre a importância do ensino dessa disciplina, destacando objetivos, conteúdos, orientações didáticas e avaliação.

Atividades de autoavaliação

1. Leia as afirmativas a seguir e assinale (V) para verdadeiro e (F) para falso. Em seguida, marque a alternativa que indica a sequência correta:

   ( ) A criança tem contato com a matemática antes de entrar na escola, a qual deve valorizar essa questão.

   ( ) As crianças devem resolver as atividades matemáticas propostas na escola de acordo com o padrão estabelecido, não sendo aceitas ideias e estratégias que elas venham a desenvolver por conta própria.

   ( ) A resolução de problemas deve ser iniciada no primeiro ciclo do ensino fundamental.

   ( ) Com crianças de 0 a 3 anos, o professor não precisa se preocupar com a matemática, uma vez que elas nem sabem os números.

   a) F, F, F, F.
   b) F, V, F, F.
   c) V, F, F, F.
   d) V, F, F, V.

2. Considerando os conteúdos para o ensino da matemática abordados neste capítulo, assinale a frase que mais está de acordo com as ideias apontadas:

   a) Os conteúdos matemáticos devem ser de acordo com os estabelecidos no currículo e serão importantes para a aprendizagem de outros conteúdos em outros anos do ensino fundamental, devendo, portanto, ser trabalhados independente de sua utilidade prática.

   b) Ao se propor uma reflexão sobre conteúdos para o ensino da matemática no ensino fundamental, é importante saber antes quais os objetivos que se pretende alcançar.

   c) Os conteúdos devem abordar temas atuais, envolvendo novas tecnologias, sem haver a preocupação com o que aconteceu antes.

d) Ao utilizar a resolução de problemas, o professor deve colocar a resposta na lousa quando perceber que a maioria dos alunos já acabou de resolvê-los.

3. Com base nas ideias discutidas em relação aos conteúdos para o ensino da matemática, leia as afirmativas a seguir e assinale (V) para verdadeiro e (F) para falso, marcando, em seguida, a alternativa que indica a sequência correta:

( ) A criança, em seu convívio social, tem contato com noções de medidas que lhe chamam a atenção.

( ) O professor não deve utilizar unidades de medidas não convencionais.

( ) Para experiências sobre a estruturação da noção de espaço, os jogos e as brincadeiras podem ser úteis.

( ) As brincadeiras de faz-de-conta envolvendo situações de comprar e vender são importantes também para a aquisição de conhecimentos matemáticos.

a) V, F, V, V.
b) F, V, V, V.
c) V, F, V, F.
d) V, F, F, V.

4. Em relação ao trabalho com os conteúdos no ensino da matemática, é INCORRETO afirmar:

a) A interação entre os pares é fundamental na aprendizagem da matemática, uma vez que possibilita a troca de pontos de vista e a discussão de diferentes estratégias.

b) As dificuldades em matemática podem estar ligadas ao fato de o aluno acreditar que só exista uma forma de resolver problemas.

c) O computador e a calculadora podem facilitar o raciocínio do aluno, fazendo com que este raciocínio apresente falhas no seu desenvolvimento, portanto, o professor não deve utilizá-los na escola.

d) O jogo é altamente motivador e pode ser um recurso útil para o ensino da matemática quando utilizado com as intervenções adequadas.

5. Em relação aos caminhos apontados pelos PCN para o ensino da matemática, é correto afirmar:

a) No trabalho com resolução de problemas, o professor deve possibilitar que as crianças discutam o problema e troquem ideias sobre as possíveis resoluções.

b) Quanto às tecnologias da informação, a calculadora pode atrapalhar a construção dos conceitos das operações porque resolverá tudo para o aluno, devendo somente ser usada no final de ensino fundamental.

c) A história da matemática deve vir pelo menos como ilustração nas aulas do professor, pois, como esses problemas já foram resolvidos, apenas devem ilustrar as aulas.

d) Os jogos devem ser usados nas horas de tempo livre, quando o professor já acabou o conteúdo, e os alunos devem tentar vencer para aprender os conteúdos matemáticos.

Atividades de aprendizagem

Questões para reflexão

1. Qual seria o papel do professor em relação à grande quantidade de conteúdos apresentados no ensino fundamental? Como ele deveria proceder na organização destes?

2. Em sua opinião, tendo como base as ideias propostas pelo texto, como poderia se dar o trabalho do professor de educação infantil que visa favorecer a construção dos conhecimentos matemáticos pelas crianças desse nível de ensino?

Atividades aplicadas: prática

1. Com base na leitura do capítulo sobre conteúdos para o ensino da matemática, pesquise em livros didáticos da área a forma como esses conteúdos são abordados. Observe se eles apresentam a história da matemática e a sua relação com a matemática atual e as propostas de utilização de jogos e materiais concretos. Veja também se utilizam as tecnologias da informação e como trabalham com a resolução de problemas nas atividades.

2. Selecione alguns conteúdos de educação infantil ou ensino fundamental em relação a um dos blocos propostos (Brasil, 2001b) e planeje uma aula, considerando a utilização da história da matemática, a resolução de problemas, os jogos e as tecnologias da informação. Em seguida, procure uma escola na qual seja possível aplicar essa aula e refletir sobre os seus resultados. Caso não seja possível aplicá-la, converse com um professor dessa ou de qualquer outra escola e discuta seu plano de aula.

Jogos no ensino da matemática

O ensino da matemática tem apresentado um quadro bastante caótico nos últimos tempos, conforme apontam as avaliações externas nessa área de conhecimento, tais como o Sistema Nacional de Avaliação da Educação Básica (Saeb*) e o Programa Internacional de Avaliação de Alunos (Pisa). Um dos fatores relacionados a esse quadro é a quantidade de conteúdo trabalhada em detrimento da qualidade. Ao se preocupar em cumprir os programas e com a memorização de técnicas das operações, a escola, muitas vezes, deixa de enfatizar a compreensão e o raciocínio dos seus alunos.

É preciso repensar as concepções e as necessidades atuais, sendo o professor o agente transformador desse quadro. Para isso, ele deve buscar,

---

* O Saeb é desenvolvido pelo Instituto Nacional de Estudos e Pesquisas Educacionais Anísio Teixeira (Inep). Trata-se de uma iniciativa do governo brasileiro que tem como principal objetivo conhecer mais profundamente nosso sistema educacional. A aplicação do Saeb ocorre a cada dois anos e são avaliados alunos de quinto e nono anos do ensino fundamental e terceiro ano do ensino médio, nas disciplinas de língua portuguesa e matemática.

em sua prática, alternativas para que a matemática possa realmente ser compreendida pelos alunos. Porém, para que isso aconteça, o professor necessita de formação sólida e aperfeiçoamento constante, além de repensar e avaliar frequentemente essa prática.

Os jogos de regras podem ser de grande utilidade no contexto pedagógico, já que apresentam situações-problema significativas para os alunos, uma vez que estão presentes no universo infantil. Além disso, o jogo traz consigo várias características úteis às disciplinas escolares, dentre elas, a matemática.

As situações-problema, geralmente, podem ser assim caracterizadas:

a) são elaboradas a partir de momentos significativos do próprio jogo;
b) apresentam um obstáculo, ou seja, representam alguma situação de impasse ou decisão sobre qual a melhor ação a ser realizada;
c) favorecem o domínio cada vez maior da estrutura do jogo;
d) têm como objetivo principal promover análise e questionamento sobre a ação de jogar, tornando menos relevante o fator sorte e as jogadas por ensaio-e-erro. (Macedo; Petty; Passos, 2000, p. 21)

O professor poderá, assim, utilizar os jogos de regras para trabalhar com situações-problema em matemática, uma vez que durante o jogo estão envolvidas diferentes possibilidades de incentivar o raciocínio matemático.

Outro ponto que merece destaque é a difícil linguagem matemática como fator agravante para a não compreensão do aluno. Nos jogos, essa linguagem é apresentada de forma mais simples e próxima à criança.

Como os jogos de regras apresentam um tipo de linguagem compatível com a da criança, Grando (1995) ressalta que os jogos de estratégia e/ou de construção de conceitos, juntamente com os exercícios de conceitos matemáticos já aprendidos, podem auxiliar na transformação desse cenário atual do ensino da matemática.

O professor deve utilizar o jogo como um recurso a mais na sala de aula, a fim de valorizar os processos de ensino e de aprendizagem, tendo um papel de destaque para facilitar o processo de aprendizagem do aluno na medida em que proporciona a criação de situações-problema.

Macedo, Petty e Passos (1997) destacam a função instrumental da escola, que geralmente se preocupa com os conhecimentos necessários às profissões dos futuros cidadãos, mas que é bastante teórica e abstrata para a criança. Para esse autores, o jogo, como forma de tratar o conhecimento, pode ter sentido para o educando. Comentam eles:

> não se trata de ministrar os conteúdos escolares em forma de jogo. Isso pode ser interessante, mas nesse momento não é o que se está defendendo. Trata-se de analisar as relações pedagógicas como um jogo, em que os jogadores não têm consciência de que estão jogando, e de que forma fazem, muitas vezes, um mau jogo, contra o conhecimento. A escola propõe exercícios que lhe tira o sentido, o valor lúdico, o prazer funcional. (Macedo; Petty; Passos, 1997, p. 139-140)

É importante também que o educador repense a função do conhecimento matemático para o aluno. Na situação de jogo, esse conhecimento ganha sentido, ao contrário do que acontece na realização de exercícios descontextualizados.

Segundo Brenelli (1986, p. 219), "o jogo proporciona trocas que podem causar perturbações que desencadeiam compensações e reequilibrações, favorecendo, por conseguinte, os processos de construção da inteligência".

Os jogos de regras favorecem as discussões e permitem aos sujeitos trocarem seus pontos de vista. Esse aspecto é bastante importante na medida em que a correção entre os colegas, favorecida pelas discussões sobre o problema, mostra-se mais eficaz do que a feita pelo professor. Kamii e Livingston (1994, p. 118) destacam que: "de acordo com o construtivismo, as crianças aprendem modificando velhas ideias, e não acumulando informações novas de novos pedacinhos". Assim, o jogo pode ser entendido como um elemento propício para a troca de ideias e a coordenação de pontos de vista diferentes.

Nesse contexto, o trabalho com jogos no ensino da matemática constitui-se um meio eficaz de solicitar a ação da criança, desencadeando os mecanismos responsáveis pela construção do conhecimento. Brenelli

(1996, p. 173) ressalta duas razões que justificam a importância de um trabalho com jogos:

> a primeira é a de que os mecanismos subjacentes à ação, estudados por Piaget em todo processo de equilibração, estão presentes no jogar; deve-se a este fato o processo dos sujeitos no desenvolvimento operatório e na aprendizagem de noções aritméticas. A segunda razão pode ser compreendida quando se analisa o papel do interesse na atividade do sujeito.

Dessa forma, podemos afirmar a riqueza que o trabalho pedagógico com jogos pode significar para os contextos escolares.

Em seus estudos sobre o juízo moral na criança, Piaget (1994) ressalta que a capacidade da criança em participar de jogos em grupo aumenta conforme sua capacidade de se descentrar e coordenar diferentes pontos de vista. Segundo ele, o jogo de regras é uma atividade lúdica do ser socializado, o que possibilita à criança resolver situações-problema por meio de um conjunto de regras.

A partir do seu estudo sobre as regras e as variações do jogo de bolinhas de gude, Piaget (1994) propõe uma classificação quanto à prática e à consciência das regras.

A prática das regras diz respeito ao modo como as crianças aplicam as regras efetivamente e é caracterizada por quatro estágios:

- No primeiro estágio, as regras são motoras e individuais. A criança utiliza as bolinhas conforme sua vontade, desejos e hábitos motores.

- O segundo estágio é egocêntrico, não há competição e preocupação com as regras. A criança joga junto com os parceiros ou sozinha, sem interesse em vencer.

- O terceiro estágio é o da cooperação nascente. Há competição, controle mútuo e unificação das regras.

- O quarto estágio é o da codificação das regras. Há preocupação com a decodificação das regras, controle e garantia antecipada das exceções, tendo necessidade de entendimento entre os jogadores.

A consciência da regra diz respeito à interpretação que a criança faz perante a regra, ou seja, "como a criança sente e interpreta para si essas regras, percebe-se que ela as assimila inconscientemente ao conjunto das recomendações às quais é submetida" (Piaget, 1994, p. 50). Desenvolve-se em três estágios:

- No primeiro, a regra não é obrigatória, vai até o início do estágio egocêntrico.

- No segundo, que vai do egocentrismo até a metade do estágio da cooperação, a regra é considerada sagrada e imutável.

- No terceiro, o respeito é obrigatório e a regra é imposta pelo consentimento mútuo, embora possa ser mudada se houver consenso geral.

É importante destacar a necessidade do conteúdo de um jogo estar coerente com as possibilidades da criança e seu raciocínio. O professor precisa levar em conta o desenvolvimento cognitivo da criança para propor as situações lúdicas que chamem a atenção e o interesse dela, garantindo assim o prazer na construção do conhecimento.

Sobre isso, Grassi (2008, p. 98-99) pontua que:

> Jogar se caracteriza pelo prazer e pelo esforço espontâneo. O jogo prende a atenção do jogador, cria uma atmosfera de tensão, desafio, entusiasmo, alegria e prazer. O envolvimento do jogador faz do jogo uma atividade excitante, estimulante, prazerosa, mas que requer esforço físico, mental e emocional. Ele facilita e estimula o desenvolvimento integral e a aprendizagem, sendo, portanto, um recurso sem igual para a aprendizagem, para o desenvolvimento e para a superação das dificuldades de aprendizagem.

A criança deve ter clara sua ação para que possa avaliar seu desempenho. Segundo Grassi (2008, p. 10), "é preciso evitar qualquer situação de ambivalência para que, face a um resultado falho, a criança possa julgar onde errou e exercitar sua inteligência na resolução de problemas, construindo relações entre vários tipos de ação e vários tipos de reação de um objeto".

O uso de jogos é um recurso favorável ao trabalho com o cálculo mental, como destaca Parra (1996). Os jogos estimulam a autonomia do aluno em relação ao seu raciocínio na busca de soluções para as situações-problema do jogo. A autora aponta que "um dos primeiros requisitos é que os alunos comecem a tomar consciência dos procedimentos que utilizam; eles necessitam saber o que é que sabem (no sentido de ter disponível este conhecimento) e como podem apoiar-se no que sabem para obter outros resultados" (Parra, 1996, p. 216).

Quando a criança precisa raciocinar para prever o resultado de suas ações ou descobrir por que perdeu ou ganhou pontos durante as jogadas, ela está construindo seu conhecimento.

Essa ideia é compartilhada por Petty, citado por Grando (2000, p. 62), quando pontua que:

> jogar é uma das atividades em que a criança pode agir e produzir seus próprios conhecimentos [...] a ideia será sempre considerá-los (os jogos) como uma possibilidade de exercitar ou estimular a construção de conceitos e noções também exigidos para a realização de tarefas escolares. Neste sentido, o jogo serve para trabalhar conceitos que, quando excluídos de seu contexto, são muito abstratos, muito complicados para as crianças entenderem.

Podemos inferir, então, que é muito mais interessante e motivador para a criança realizar operações para saber o quanto precisa para ganhar no jogo do que preencher uma folha de exercícios proposta pelo professor.

Em relação ao uso de jogos no ensino da matemática, os PCN (Brasil, 2001b, p. 49) destacam:

> um aspecto relevante nos jogos é o desafio genuíno que eles provocam no aluno, que gera interesse e prazer. Por isso, é importante que os jogos façam parte da cultura escolar, cabendo ao professor analisar e avaliar a potencialidade educativa dos diferentes jogos e o aspecto curricular que deseja desenvolver.

Os jogos em si representam potencial para serem usados nos processos de ensino e de aprendizagem. Cabe ao professor relacionar as diferentes possibilidades de exploração dos diferentes jogos nas aulas de matemática.

Com base nas ideias que apontamos a respeito do jogo como importante recurso ao ensino e à aprendizagem da matemática, apresentaremos a seguir relatos de algumas pesquisas que sustentam essas ideias.

4.1 Pesquisas sobre o uso de jogos no ensino da matemática

Tendo conhecimento das pesquisas e trabalhos que apontam a importância do jogo na escola, convém destacarmos aqui os estudos que envolvem jogos e educação matemática.

Apresentaremos alguns estudos que ilustram e comprovam os resultados positivos quando se propõe um trabalho sério com os jogos nas aulas de matemática, destacando o papel do educador nesse processo.

As relações entre os jogos e a resolução de problemas – destacando os jogos de estratégia como desencadeadores de estratégias análogas ao processo de resolução de problemas – foram estabelecidas por Corbalán (1996). Esse autor definiu etapas para a elaboração de estratégias de um jogo, quais sejam: familiarização com o jogo; exploração inicial (procura de estratégias de resolução); aplicação da estratégia (seleção de posições ganhadoras, valorização das conjecturas etc.); reflexão sobre o processo desencadeado.

A intervenção pedagógica por meio de jogos nas aulas de matemática também foi estudada por Jesus (1999). O objetivo desse autor foi investigar o papel da intervenção pedagógica* com domínio matemático em relação ao desenvolvimento e às atitudes do aluno no que diz respeito à matemática. Para isso, foram compostos dois grupos – experimental (N = 53) e controle (N = 51) – envolvendo 104 alunos com idades entre 11 e 13 anos de duas escolas públicas. O autor constatou que houve

---

* *Intervenção pedagógica* pode ser entendida como um trabalho sistemático que o professor realiza diante de uma atividade em sala de aula. Em um jogo, por exemplo, a intervenção pode consistir em questionamentos que levem o aluno a pensar qual a melhor estratégia, como fazer mais pontos, como conferir os pontos etc.

diferenças significativas de desenvolvimento entre os sujeitos do grupo experimental e os do grupo controle e também diferenças na média de pontuação da escala de atitudes entre os grupos.

Rabioglio (1995) propôs uma intervenção pedagógica com o jogo "Pega-varetas" a fim de analisar a relação jogo-escola. Os sujeitos estudados foram professores e alunos de pré-escola e primeiras séries do ensino fundamental com idade entre 4 e 9 anos. O autor constatou o grande potencial didático envolvido no jogo, bem como o interesse do aluno, que assim consegue relacionar seus conhecimentos aos conteúdos escolares pertinentes.

Outros aspectos, como a socialização, a comunicação, o emocional e o cognitivo, podem ser enfocados em atividades com jogos. Souza (2000, p. 22) destaca as contribuições do lúdico ao afirmar que "compreender e aplicar este instrumento, o lúdico, assim como fazer uso de seus inumeráveis benefícios, auxiliará no processo da construção do conhecimento da criança ou adolescente, bem como solucionar aos conflitos internos que podem acarretar em um bloqueio na aprendizagem".

Em outro estudo, Grando (2000) amplia sua pesquisa anterior (Grando, 1995) ao investigar os processos desencadeados na construção de conceitos e habilidades matemáticas por meio de uma intervenção pedagógica via jogos de regras. Fizeram parte da amostra oito alunos de sexta série do ensino fundamental, com idades entre 11 e 12 anos, com os quais foram realizadas atividades de intervenção pedagógica, via jogos de regras, envolvendo a matemática. Os resultados apontam que o processo desencadeado durante as situações de jogo são responsáveis pela construção dos procedimentos e conceitos matemáticos.

Os efeitos de uma intervenção psicopedagógica por meio do processo de "solicitação do meio"* na compreensão do conhecimento aritmético e no comportamento operatório de crianças com difi-

---

* Desenvolvido por Assis (1976), o processo de solicitação do meio, fundamentado na teoria piagetiana, consiste na organização de atividades que visam o enriquecimento das experiências e do vocabulário de crianças pertencentes a ambientes culturais menos favorecidos. Para isso, tem como princípio fundamental a comunicação entre o professor e a criança, ou seja, a esta é solicitado expressar verbalmente o que faz nas atividades e também esta perguntas de seu interesse. Dessa forma, a criança é estimulada a pensar sobre sua ação.

culdades de aprendizagem foram verificados por Zaia (1996). Os procedimentos utilizados pelos sujeitos e os da própria intervenção também foram analisados. As provas piagetianas para o pensamento operatório concreto foram utilizadas a fim de verificar o nível de desenvolvimento operatório de oito sujeitos com idades entre 10 e 13 anos, frequentadores da segunda à quarta séries do ensino fundamental. As sessões de intervenção (N=25) envolveram jogos de regras que enfocavam a construção das noções de conservação de quantidades contínuas e descontínuas, a classificação e a seriação, os mecanismos operatórios aditivos e as operações aritméticas. Entre tais jogos, podemos citar: "Kalah"*, "Tira e põe"**, "Jogo dos bombons"***, "Cilada"****, "Cara a cara"***** etc.

A intervenção psicopedagógica possibilitou o avanço no desenvolvimento dos sujeitos, que demonstraram, também, atitudes fundamentadas no respeito mútuo e na reciprocidade, podendo tal intervenção ser recomendada para crianças que apresentam dificuldades de aprendizagem.

---

* O jogo "Kalah" é composto por um tabuleiro retangular de madeira no qual existem 14 buracos, sendo seis buracos de cada lado e dois maiores situados nos extremos denominados *oásis*. O objetivo é colocar, no decorrer do jogo, o maior número de pedras nos próprios oásis, ou seja, obter maior quantidade de pedras que o adversário.

** O jogo "Tira e põe" pode ser jogado com a cartela cheia ou vazia, podendo-se optar pelo uso ou não dos dados de sinal e cores. Os jogadores jogam o dado e retiram ou colocam o número de fichas em suas cartelas. Vence quem esvaziar ou encher sua cartela primeiro.

*** Nesse jogo, cada jogador fica com seis bombons e coloca outros seis dentro da caixa. Quando sair o sinal de +, deve pegar na caixa a quantidade indicada pelo dado; quando sair o sinal de -, pega dentre os seus bombons a quantidade indicada e coloca dentro da caixa. Registra-se a operação feita e o resultado. Vence aquele que juntar os 12 bombons fora da caixa primeiro.

**** O jogo "Cilada" possibilita a formação de diferentes quebra-cabeças.

***** No jogo "Cara a cara", os jogadores escolhem uma carta com um personagem. Cada um tem que adivinhar qual a cara que o outro pegou.

Ao pesquisar sobre jogos de regras, Brenelli (1986) propõe uma análise das coordenações existentes entre o que se pode observar em um jogo (jogo de "Cores e pontos do Quips*"). Tomando como base os contextos individual e grupal, foram analisadas a elaboração, a execução e a prática das regras propostas pelo experimentador e a compreensão das noções implícitas na situação. Além disso, verificou-se a influência da idade, do nível operatório e do desempenho dos sujeitos em duas situações de jogos.

Para isso, o autor pesquisou 30 sujeitos, com idades entre 5 e 9 anos, frequentadores da pré-escola (educação infantil) e terceira série do ensino fundamental de uma escola pública de Campinas (SP). Entre as situações-problema do jogo, destacaram-se as relativas às noções de conservação, seriação e classificação. A idade e o nível operatório dos sujeitos proporcionaram-lhes melhor desempenho no jogo. Nesse sentido, verificou-se que o jogo de regras auxilia no desenvolvimento cognitivo e social da criança, sendo um meio de exercitar a cooperação e a operação.

Posteriormente, Brenelli (1993) analisou a influência de uma intervenção pedagógica por meio de jogos no comportamento operatório e na compreensão do conhecimento aritmético de crianças com dificuldades de aprendizagem.

Os sujeitos do estudo eram alunos de terceira série do ensino fundamental de escolas públicas, com idades entre 8 e 11 anos, divididos em dois grupos: experimental e controle. Para o pré e pós-teste, foram utilizadas as provas operatórias de conservação, inclusão e seriação e as de conhecimento aritmético (noção de soma, problemas de subtração, formalização de equações e multiplicação e divisão aritméticas, valor posicional da numeração).

Para essa intervenção, foram utilizados os jogos "Quilles" e "Cilada". Constatou-se um progresso significativo em relação à operatoriedade e à aquisição das noções aritméticas envolvidas nos sujeitos do grupo experimental.

---

* Esse jogo é composto por 4 cartelas, 84 fichas coloridas e 2 dados, sendo um de pontos e outro de cores. As cartelas contêm desenhos coloridos diferentes, com 21 orifícios nos quais as fichas deverão ser colocadas. O jogo trabalha cor e quantidade.

Ampliando os trabalhos anteriores (já mencionados), os quais focalizavam a intervenção pedagógica via jogos para pequenos grupos, Brenelli (1999) ainda propõe um estudo sobre intervenção para a classe toda. O problema de tal estudo consistiu em verificar em que medida a intervenção com jogos de regras, realizada pelo professor em nível coletivo, poderia favorecer o desenvolvimento operatório das crianças.

Os sujeitos da pesquisa (N=55) eram de segunda série do ensino fundamental da rede pública de Campinas, sendo divididos em dois grupos: experimental (segunda série A = 30) e controle (segunda série B = 25). O nível operatório foi avaliado em pré e pós-testes por provas piagetianas: conservação de quantidades discretas, inclusão hierárquica de classes e duas provas de classificação multiplicativa (matrizes).

Enquanto o grupo experimental passou por pré e pós-testes – sendo também realizada a intervenção utilizando os jogos "Imagem e ação*", "Cilada", "Senha**", "Quilles***", "Sopa de letras****", "Cara a cara", "Passa letra*****", "Resta um******" –, o grupo controle fez somente

---

* Esse jogo é de tabuleiro e tem como objetivo percorrer o tabuleiro, sendo que os jogadores devem adivinhar uma palavra.

** O jogo "Senha" consiste em esconder alguma coisa (palavra, número, figura etc.) e propor ao outro jogador que a descubra.

*** O jogo "Quilles" é constituído por um tabuleiro com lugares marcados para colocar nove pinos de madeira e uma haste com uma bola presa por um barbante. O jogador deve lançar a bola a fim de derrubar o maior número de pinos e, assim, fazer o maior número de pontos.

**** O jogo "Sopa de letras" consiste em formar palavras a partir de letras móveis resgatadas de um prato com uma colher.

***** Esse jogo tem por objetivo descobrir as palavras dos adversários, eliminando-os do jogo, e permanecer com sua palavra desconhecida dos demais até o final da partida.

****** Esse jogo é constituído por um tabuleiro com cavidades, com 32 ou 36 peças para ocupar essas cavidades. O objetivo é fazer com que reste somente uma peça sobre o tabuleiro.

pré e pós-testes. A intervenção ocorreu durante seis meses, sendo as atividades propostas durante duas horas, uma vez por semana.

Constatou-se que os sujeitos do grupo experimental apresentaram progressos significativos ao serem submetidos ao trabalho de intervenção com jogos em sala de aula, principalmente quando comparados ao grupo controle. O nível de operatoriedade do grupo controle, no pós-teste, era o mesmo que o nível do grupo experimental no pré-teste. Pôde-se afirmar, assim, que as atividades lúdicas favoreceram o desencadeamento dos processos responsáveis pela construção do pensamento operatório nos sujeitos (Brenelli, 1999).

A intervenção via jogos de regras também foi destacada por Pauleto (2001), cujo objetivo era o de analisar um programa escolar que incluía jogos de regras, a fim de favorecer a construção e o desenvolvimento em operações, problemas e aritmética elementar em crianças de segunda série do ensino fundamental de uma escola pública. Para tanto, foram estudados 52 sujeitos, sendo 28 pertencentes à classe experimental – na qual foi realizada a intervenção utilizando os jogos "Construindo o caminho" e "Faça o maior número" – e 24 pertencentes à classe controle.

Os sujeitos realizaram um pré-teste e dois pós-testes compostos por: dez operações de adição, dez de subtração, quatro problemas de adição, nove de subtração e de compreensão do valor posicional da numeração. Após a análise quantitativa dos dados e breve análise qualitativa da intervenção, pôde-se afirmar que esta foi favorável na direção dos melhores desempenhos dos sujeitos da classe experimental nas tarefas propostas.

Finalizando os estudos que discorrem sobre os jogos na educação matemática, citamos os de Guimarães (1998; 2004). No primeiro desses estudos, a autora buscou verificar em que medida uma intervenção pedagógica, via jogos de regras, poderia ser favorável à construção da noção de multiplicação. Os sujeitos estudados foram 17 alunos de terceira série do ensino fundamental de uma escola cooperativa do interior de São Paulo. No pré e no pós-teste, foram utilizadas as provas de abstração reflexiva "Construção de múltiplos comuns" (Piaget et al., 1995) e as relativas à construção da multiplicação: "Multiplicação e divisão aritméticas" (Granell, 1983). O pré-teste constou também de uma prova de problemas e operações, realizada com a finalidade de verificar se os conteúdos escolares eram conhecidos pelos sujeitos. Após a intervenção pedagógica realizada com os jogos "Argolas" e "Pega-varetas", para os quais foram criadas situações-problema que envolviam multiplicação, a autora concluiu que a intervenção favoreceu a construção da noção de multiplicação e a evolução dos níveis de abstração reflexiva dos sujeitos na prova pesquisada.

Em estudo posterior, Guimarães (2004) desenvolveu um trabalho cujo objetivo central voltou-se para as relações existentes entre os níveis de construção da noção de multiplicação e os níveis de generalização e como estes intervêm no desempenho dos sujeitos em situações que envolvem resolução de problemas de estrutura multiplicativa antes e após serem submetidos a situações lúdicas com o jogo de argolas. A fundamentação teórica pautou-se na Epistemologia Genética de Jean Piaget, destacando os processos cognitivos envolvidos na construção do conhecimento matemático. A amostra constitui-se de 30 sujeitos, com idades entre 8 e 11 anos, de terceira e quarta séries do ensino fundamental, os quais foram selecionados a partir da "prova de multiplicação e associatividade multiplicativa" (Piaget, 1986), sendo 10 crianças de cada nível de construção da noção de multiplicação. Também foram aplicadas a "prova de generalização que conduz ao conjunto das partes" (Piaget et al., 1984), a "prova de resolução de problemas de estrutura multiplicativa" inspirados em Vergnaud (1991) – em duas fases: antes e após serem submetidos a situações lúdicas com o jogo de argolas – e as situações lúdicas com o jogo de argolas. Os resultados nos mostram que, para estar de posse da construção da noção de multiplicação (nível III), é preciso o nível II de generalização. As situações lúdicas, via jogo de argolas, permitem-nos afirmar que apresentaram situações diferenciadas das escolares envolvendo estruturas multiplicativas e favoreceram a melhora do desempenho, principalmente nos sujeitos de níveis mais elevados dos processos cognitivos envolvidos na construção das estruturas multiplicativas.

Podemos dizer que, além dos estudos aqui citados, muitos outros apontam o papel dos jogos na educação, especialmente na educação matemática.

Para uma melhor compreensão desse assunto, torna-se favorável discutir a utilização de um jogo específico, realizado com crianças no ensino fundamental, e as possíveis intervenções que o professor pode propor para esse trabalho.

4.2 Um exemplo de aplicação do jogo no trabalho com operações aritméticas

Dada a importância do trabalho com jogos para a educação, especificamente para a educação matemática, como apontaram as pesquisas citadas anteriormente, apresentaremos agora um jogo de regras e as possibilidades de trabalho envolvendo as operações aritméticas fundamentais. O jogo escolhido foi o "Pega-varetas", estudado por Guimarães (1998)*.

Serão expostos os materiais e as regras desse jogo, bem como algumas sugestões de intervenções que podem ser utilizadas pelo professor para um trabalho com as operações aritméticas fundamentais. Em relação à apresentação do jogo e de seus componentes, Grassi (2008, p. 95) destaca:

> A apresentação de qualquer jogo para os participantes, sejam crianças, adolescentes ou adultos, deve ser feita de modo a deixar claro seu objetivo e suas regras. Os participantes precisam saber como se joga, quais as regras e possibilidades que o jogo oferece; precisam compreender essas regras e aceitá-las para poder jogar. O jogo deve estar adequado aos jogadores, de modo a despertar-lhes o interesse, portanto não deve ser muito fácil e nem muito difícil. Consideram-se aqui a faixa etária, os interesses, as necessidades, dificuldades e habilidades.

Em relação à importância de se proporcionar um trabalho adequado por meio do uso de jogos e materiais pedagógicos nas aulas de

---

* O texto sobre o jogo "Pega-varetas" foi inspirado na dissertação de mestrado de GUIMARÃES (1998).

matemática, destacamos que não é o jogo ou o material pedagógico em si que garante a construção do conhecimento matemático, mas sim o uso que a criança faz destes a partir das intervenções realizadas pelo professor:

> Insistimos em esclarecer que tanto o jogo como qualquer outro material pedagógico são meios que podem tornar mais próximos da criança linguagens e significados matemáticos, mas não encerram em si mesmos a possibilidade de formar o pensamento matemático e nem a de criar uma relação de construção humana desse conhecimento, pois não é o material didático que realiza a aprendizagem, mas a própria criança, pela reflexão que faz com o acompanhamento e a orientação do professor. (Lorenzato, 2006b, p. 54)

Vejamos, a seguir, as características do jogo "Pega-varetas", seu objetivo e suas regras, bem como as suas possibilidades de aplicação na prática pedagógica.

4.2.1 O jogo "Pega-varetas"

Trata-se de um jogo chinês muito antigo, também conhecido como *Mikado* ou *Xangai*, o qual exige muita paciência, concentração e habilidade manual de seus participantes.

É bastante conhecido pelas crianças e pode ser jogado a partir dos quatro ou cinco anos de idade, sendo que as crianças dessa faixa etária apresentam dificuldades em relação à espessura dos palitos e à coordenação motora para resgatar as varetas.

Para cada faixa etária, o professor pode utilizar o jogo de acordo com os objetivos que deseja alcançar.

4.2.2.1 Objetivo e regras do jogo

O jogo tem como objetivo o deslocamento de cada vareta sem mover qualquer outra. As varetas apresentam cores variadas, sendo que cada cor tem seu valor específico. Há uma única vareta preta, denominada *general* ou *mikado*, que é a mais poderosa, podendo ser usada por quem a possui para ajudar a apanhar qualquer outra vareta.

Um dos jogadores junta todas as varetas formando um maço, soltando-o, então, sobre uma superfície plana e lisa. Em seguida, pega uma a uma as varetas sem que se movam as restantes. Para fazer isso, é preciso que o jogador observe a disposição e a relação entre as varetas, percebendo qual é a jogada que lhe garanta maior segurança e lhe seja mais valiosa. O jogador que fizer outra vareta mexer deve deixar a que estava tentando pegar, passando a vez para outro jogador.

Há variações nas regras para soltura e resgate das varetas, que se alteram conforme os diferentes fabricantes do jogo. No final da partida, são contados os pontos, verificando-se, assim, o vencedor.

A versão do jogo utilizada aqui é a brasileira, a qual consiste em 41* varetas coloridas organizadas da seguinte maneira:

- 14 amarelas, que valem 5 pontos cada;
- 14 vermelhas, que valem 10 pontos cada;
- 6 verdes, que valem 15 pontos cada;
- 6 azuis, que valem 20 pontos cada;
- 1 preta (general), que vale 50 pontos.

Esses valores convencionais são muito altos para as crianças operarem no início do ensino fundamental. Dessa forma, o professor pode propor uma substituição, levando-se em conta que todos são múltiplos de cinco. Para se chegar a esses valores, sem alterar a hierarquia entre eles, divide-se cada número pelo Máximo Divisor Comum (5), obtendo-se os seguintes valores:

- amarela = 1 ponto (5 : 5 = 1);
- vermelha = 2 pontos (10 : 5 = 2);

---

* Os jogos industrializados nem sempre apresentam essa quantidade de varetas. Você pode juntar dois ou três jogos para obter o conjunto de 41 varetas ou, ainda, jogar com menos peças.

- verde = 3 pontos (15 :5 = 3);
- azul = 4 pontos (20 : 5 = 4);
- preta = 10 pontos (50: 5 = 10).

4. 2. 2 Sugestão de roteiro para o trabalho com o jogo "Pega-varetas"

Apresentaremos, a seguir, sugestões de intervenção com o jogo "Pega-varetas" inspiradas em Guimarães (1998) e em alguns registros de crianças ao vivenciarem as situações de intervenção pedagógica com esse jogo.

4. 2. 2.1 Aprendizagem do jogo

O objetivo dessa etapa é apresentar o jogo aos sujeitos, suas peças e regras, permitindo que aprendam como se joga. Essa fase é muito importante, como destacam Macedo, Petty e Passos (2000, p. 20):

> é importante conhecer os materiais do jogo e promover todo o tipo de situação que possibilite seu conhecimento e a assimilação das regras. Desenvolver tal hábito contribui para o estabelecimento de atitudes que enaltecem a observação como um dos principais recursos para a aprendizagem acontecer.

Para a aprendizagem do jogo, podem ser realizadas três partidas, aproximadamente. Caso o professor perceba que não foram suficientes, pode realizar mais uma ou duas partidas com esse objetivo.

Nessa atividade, o professor entrega as peças do jogo aos alunos e interroga-os sobre os conhecimentos que eles possuem sobre este: "Vocês conhecem este jogo?", "Vocês já o jogaram?", "Como é que se joga?", "Quem ganha o jogo?"

A partir das respostas dos alunos, são combinadas as regras do jogo. A ordem dos jogadores pode ser determinada de maneira aleatória, adotando-se o critério "dois ou um" ou outro qualquer. Esse procedimento pode revelar, quanto à construção de regras, um nível que pressupõe a presença da regra social, em que a escolha da ordem dos jogadores se realiza aleatoriamente, e não mais de maneira intencional, tal como ocorre com a regra egocêntrica. Esse aspecto manifesta o "estágio da cooperação nascente", no que concerne à prática das regras, pois há uma necessidade de respeito mútuo entre os jogadores. Nesse estágio, de acordo com Piaget (1994), a cooperação é marcada quando a criança diferencia o seu ponto de vista e o coordena com os dos demais participantes do grupo, o que a torna capaz de uma relação de reciprocidade social.

O professor observa e registra como cada criança joga, deixando a contagem e o registro dos pontos espontâneos de lado para não interferir nesse momento de aprendizagem. A fim de determinar o vencedor, os jogadores podem contar os pontos obtidos.

Quanto à "consciência das regras", quando os jogadores aceitam alterações das regras segundo um consentimento mútuo, ou seja, a regra não é mais compreendida como algo imposto, impossível de ser discutida ou modificada, podemos afirmar que as crianças se encontram no terceiro estágio (Piaget, 1994).

É importante ressaltar ainda o papel do jogo de regras no desenvolvimento social, moral e intelectual da criança. A interação social provocada pelo jogo possibilita que o respeito mútuo e a cooperação sejam instalados, aspectos estes também responsáveis pela construção do pensamento operatório, na medida em que permitem descentrar e coordenar diferentes pontos de vista (Brenelli, 1996).

4. 2. 2. 2 *Intervenção pedagógica: algumas possibilidades*

A intervenção pedagógica é um momento rico para o professor trabalhar com as operações aritméticas. É nesse momento que as questões por ele propostas podem desencadear o processo de equilibração, responsável pela construção dos conhecimentos. O jogo é um instrumento propício para um trabalho dessa natureza, mas deve vir acompanhado das intervenções do professor. A esse respeito, Macedo, Petty e Passos (2000, p. 20) afirmam que a ação de jogar, aliada a uma intervenção do profissional, "ensina" procedimentos e atitudes que devem ser mantidos ou modificados em função dos resultados obtidos no decorrer das partidas. Assim, ao jogar, o aluno é levado a exercitar suas habilidades mentais e a buscar melhores resultados para vencer.

As intervenções sugeridas, que passaremos a descrever a seguir, enfocam conhecimento lógico-matemático (classificação), operações aritméticas, relações de equivalência entre as varetas e troca de varetas.

Conhecimento lógico-matemático: classificação

A criança pode ser solicitada a classificar as varetas segundo um critério determinado por ela própria, depois, a descobrir quantas varetas há de cada cor e, em seguida, a representar graficamente as peças do jogo. Começa-se, então, a contagem dos pontos obtidos.

Os jogadores podem começar a contagem classificando as varetas segundo o critério referente à cor, destacando a quantidade dos pontos relativos a cada uma das varetas e suas respectivas cores. Essa atividade, por ser de natureza lógico-matemática, é importante na construção das operações aritméticas fundamentais.

Os registros de pontos podem variar, mas, de maneira geral, as representações nestes devem conter informações necessárias e completas em relação à quantidade de varetas, cores e valores de cada cor.

Operações aritméticas

A contagem de pontos consiste em um momento muito rico para trabalhar as operações com os participantes. Essa situação propicia à criança estabelecer relações entre suas varetas e as dos colegas. Os jogadores são solicitados a arrumar as varetas obtidas para, a seguir, contar o número de pontos (observar o valor atribuído a cada vareta, se é unidade ou o valor combinado, segundo as regras). Após a contagem, o professor pode colocar a questão: "Como podemos fazer para não esquecermos quantos pontos fizemos?". Se a criança não chegar a realizar nenhuma forma de representação, o professor pode sugerir outra: "E se a gente marcasse os pontos no papel?". Assim deve-se proceder com todos os jogadores.

Inicialmente, as crianças recebem papel e lápis coloridos para marcar seus pontos espontaneamente. O professor deve observar a forma de registro dos sujeitos e, em seguida, solicitar-lhes a comparação de seus registros, questionando se é possível determinar o vencedor e como se faz para tal.

A partir do momento em que as crianças apresentam os registros, o professor sugere como os pontos poderiam ser marcados usando a matemática. O objetivo dessas questões é permitir diferentes representações gráficas do jogo. Cabe ao professor observar as formas de representação utilizadas pelas crianças – por exemplo, desenhos, símbolos – e como elas procedem com relação à matemática.

Observe, a seguir, o registro espontâneo realizado por uma criança de quarto ano do ensino fundamental:*

---

* As Figuras 10, 11, 12 e 13 foram retiradas da pesquisa "Abstração reflexiva e construção da noção de multiplicação via jogos de regras: em busca de relações", empreendida pela autora deste livro em 1998. Foram realizadas sessões de intervenção pedagógica pela professora da classe e pela pesquisadora no quarto ano do ensino fundamental de uma escola cooperativa do interior de São Paulo. As figuras foram feitas pelos alunos durante essas sessões de intervenção pedagógica. Para ler mais sobre a pesquisa, consulte Guimarães (1998).

Figura 10 – Registro espontâneo de F. (8; 9) no jogo "Pega- varetas"

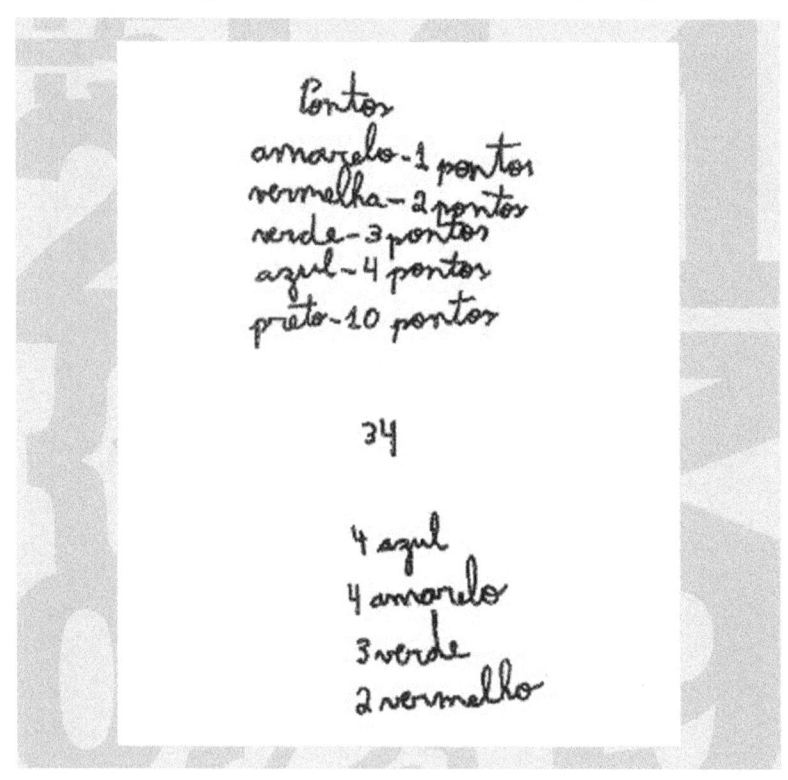

> Pontos
> amarelo - 1 pontos
> vermelha - 2 pontos
> verde - 3 pontos
> azul - 4 pontos
> preto - 10 pontos
>
> 34
>
> 4 azul
> 4 amarelo
> 3 verde
> 2 vermelho

O registro de F. (8; 9)* mostra os valores de cada cor de vareta e a quantidade relativa a cada uma.

Agora, observe um registro espontâneo de outro sujeito da mesma classe, quando solicitado a usar a matemática:

* A idade é representa da forma (8; 9), sendo que o 8 representa a quantidade de anos e o 9 representa a quantidade de meses.

Figura 11 – Registro de S. (9; 0) no jogo "Pega-varetas" utilizando a matemática

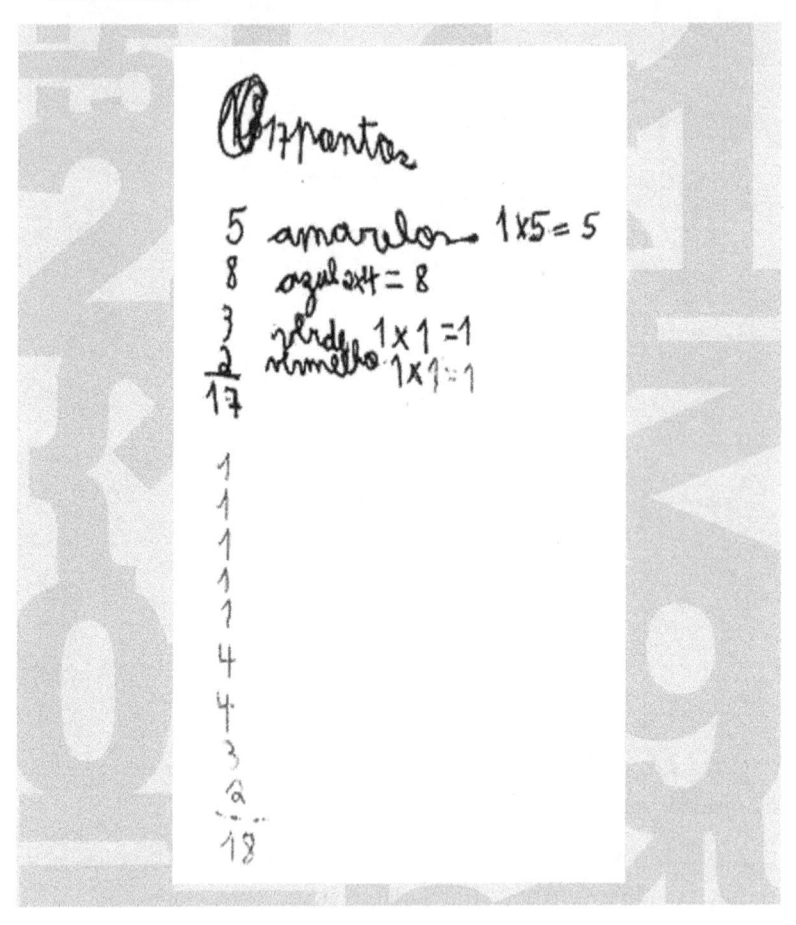

O registro de S. (9; 0) mostra que essa criança utiliza multiplicação nas cores quando considera cada uma individualmente; entretanto, quando vai somar o total da partida, usa a adição e, apesar de já ter o resultado 1x5, coloca 1+1+1+1+1, assim procedendo com todas as varetas.

O exemplo de C. (9; 1), a seguir, ilustra outro tipo de registro com a matemática:

Figura 12 – Registro de C. (9; 1) no jogo "Pega-varetas" utilizando a matemática

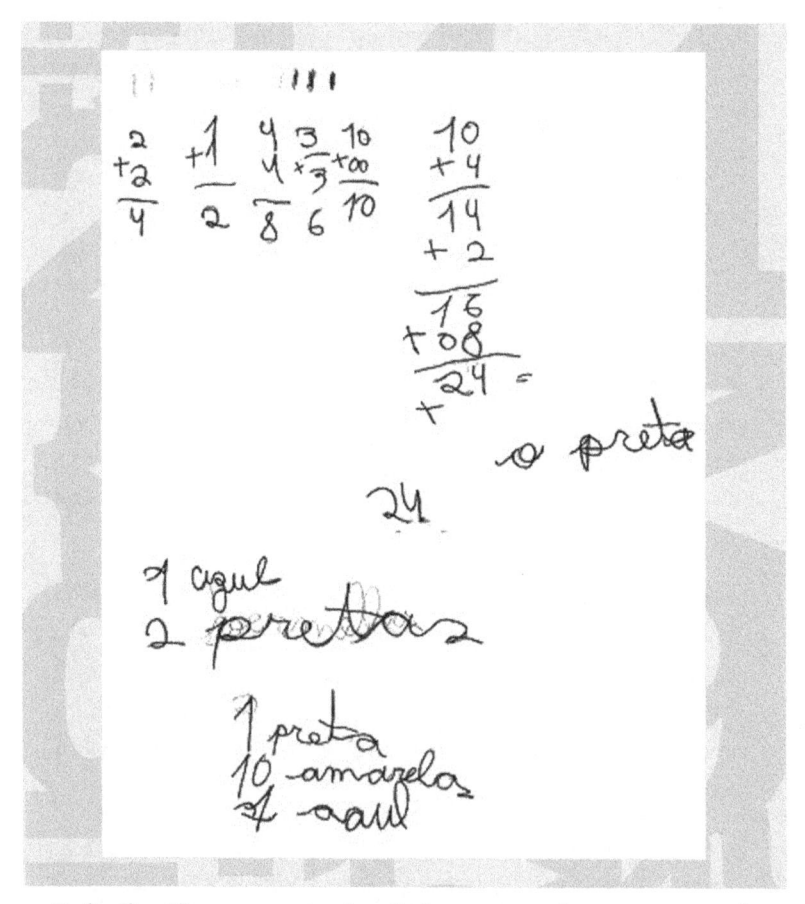

C. (9; 1) utiliza-se apenas da adição, começando por somar individualmente por cores e, depois, os resultados de cada cor, esquecendo-se de acrescentar três pontos correspondentes a uma vareta azul.

Relações de equivalência entre os valores das varetas

A situação tem por objetivo permitir à criança obter o mesmo número de pontos utilizando outras varetas de valores diferentes. Essa atividade solicita a descoberta dos diferentes valores das varetas e suas possíveis equivalências.

O professor pode propor, por exemplo, as questões: "Você conseguiu pegar três varetas amarelas e duas varetas azuis. Quantos pontos você fez?"; "Como você faz?"; Será que você poderia fazer o mesmo número de pontos com outras varetas?"

Se a criança disser que sim, o professor deve pedir que ela pegue as varetas e as represente no papel, prosseguindo o questionamento: "Há mais algum jeito?"; "Há um jeito melhor?"; "Há um jeito mais difícil?". Assim, deve continuar a questionar até a criança considerar que não há mais possibilidades.

Se a criança disser que não, o professor continua perguntando: "Mas, e se a gente pegasse outras varetas de outras cores, será que não conseguiríamos chegar ao mesmo número de pontos?". Após todas essas questões, a criança é solicitada a reconstituir a sua ação, mostrando como fez e como poderia ser feito usando a matemática.

Assim se procede com todos os jogadores, alterando o número de varetas e suas cores. Em seguida, é questionado à criança se há uma maneira de obter o mesmo valor de pontos pegando só uma cor de vareta, pedindo que ela mostre o que fez com as varetas, primeiro em ação, depois em forma de representação.

Observe, a seguir, um exemplo de registro realizado por uma criança de quarto ano do ensino fundamental:

Figura 13 – Diferentes composições do todo efetuadas por M. (9; 11) no jogo "Pega-varetas"

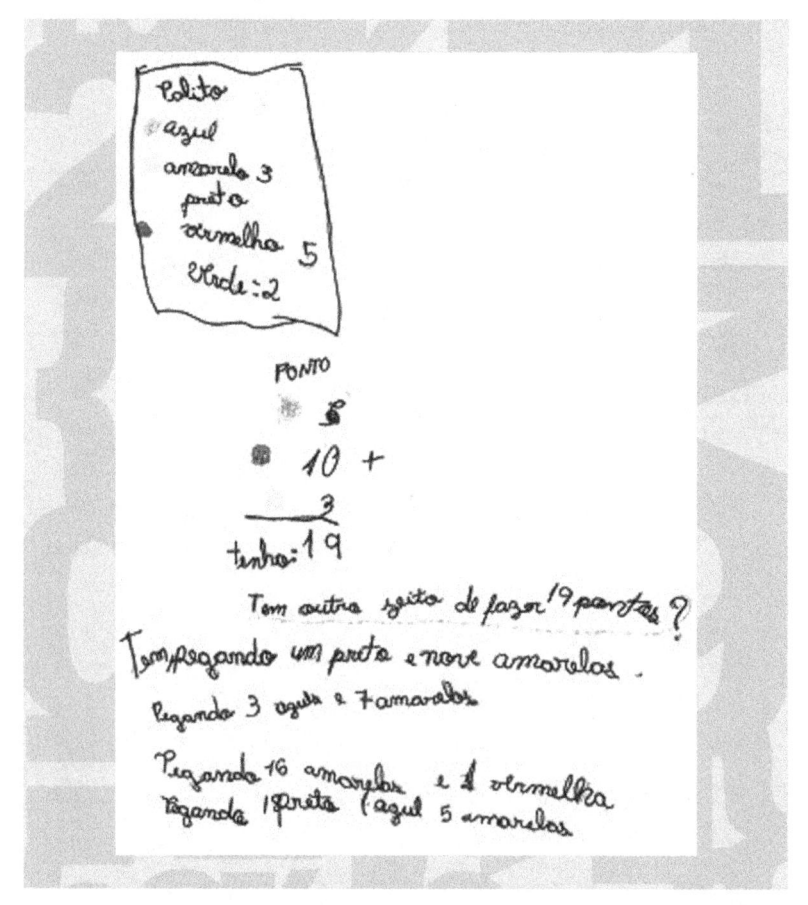

> Palito
> azul
> amarelo 3
> preto
> vermelho 5
> verde : 2
>
> PONTO
> 5
> 10 +
> 3
> tinha: 19
>
> Tem outro jeito de fazer 19 pontos?
> Tem pegando um preto e nove amarelos.
> Pegando 3 azuis e 7 amarelos.
> Pegando 16 amarelos e 1 vermelha
> Pegando 1 preto, 1 azul, 5 amarelos

O número de pontos obtidos por M. (9; 11), nessa partida (19 pontos), não permitiu que obtivesse o mesmo número de pontos somente com uma cor de vareta, pois 19 não é divisor de nenhum dos valores das varetas, a não ser da amarela (1 ponto). M. (9; 11) resolveu a situação de três maneiras diferentes, mostrando diferentes composições do todo, mas não considerou a multiplicação em 19x1. Todas as suas resoluções foram escritas por extenso, sem usar o algoritmo.

No geral, ao se trabalhar com jogos em sala de aula, é importante que o professor proponha situações que visem solicitar determinadas construções aos alunos propiciadas pelo contexto lúdico.

Troca de varetas

É proposta, após o término do jogo e a contagem dos pontos, uma situação de jogo que envolve troca de varetas: "Vocês podem trocar suas varetas entre si, desde que após a troca fiquem com o mesmo valor de pontos".

Outras situações-problema podem ser colocadas, como, por exemplo:

- Você pegou uma vareta azul. Por quais varetas você pode trocar ficando com os mesmos pontos, sem sobrar ou faltar pontos?
- Como se faz isso?
- Mostre-me como você fez.
- Você pegou duas varetas vermelhas. Quantos pontos fez?
- Se fosse trocar somente por varetas amarelas, com quantas amarelas você ficaria?

Inicialmente, os jogadores podem mostrar-se um pouco resistentes à troca de varetas, principalmente aqueles que possuam a vareta preta, pois todos querem trocá-la. Quando tomarem consciência de que o valor total não se alterará, aos poucos, começarão a trocar as varetas. Em algumas partidas, a quantidade de varetas obtidas dificultará essas trocas, pois serão valores muito diferentes.

Convém destacar que exemplificamos apenas algumas situações para o professor trabalhar com as operações aritméticas fundamentais usando jogo de regras, mas há ainda muitas outras situações que ele poderá explorar com esse jogo. No entanto, a partir de agora, o professor pode ter uma ideia geral de como explorar jogos no ensino da matemática, tendo em mente o que se pode obter com um trabalho dessa natureza. Segundo Macedo, Petty e Passos (2000, p. 21), o professor não deve se esquecer de que,

> incentivar a criança a jogar bem, valorizando principalmente o desenvolvimento de competências como disciplina, concentração, perseverança e flexibilidade. Isto traz, como consequência, a melhoria de esquemas de ação e o descobrimento de estratégias vencedoras. Cabe ao profissional valorizar a observação e a superação dos erros, bem como propor diferentes formas de registro para análises posteriores ao jogo.

A seguir, apresentaremos algumas sugestões de jogos para o professor utilizar com alunos de diferentes idades, contribuindo, desse modo, com o ensino da matemática e com a aprendizagem destes.

4.3 Sugestões de jogos para o ensino da matemática

Há uma enorme variedade de jogos para trabalharmos na área de matemática, mas é preciso estarmos atentos aos objetivos que pretendemos alcançar com essa estratégia para que não fiquemos somente "no jogo pelo jogo". Como afirma Macedo, Petty e Passos (2000, p. 18), é importante trabalhar com uma grande variedade de jogos, "desde que não sejam utilizados somente como fins em si mesmos, mas transformados em materiais de estudo e ensino (na perspectiva do profissional), bem como em aprendizagem e produção do conhecimento (na perspectiva do aluno)".

O uso de jogos coloca as crianças diante de problemas que exigem o levantamento de hipóteses e a modificação destas para se obter êxito. Desse modo, nos jogos os cálculos ganham significados e são concretos, ao contrário de folhas de atividades descontextualizadas:

Nesse contexto, Starepravo (2006, p. 16) afirma que

> nos jogos, os cálculos são carregados de significado porque se referem a situações concretas (marcar mais pontos, controlar a pontuação, formar uma quantia que se tem por objetivo etc.). Além disso, o retorno das hipóteses é imediato, pois, se um cálculo ou uma estratégia não estiver correta [sic], não se atingem os objetivos propostos ou não se cumprem as regras e isso é apontado pelos próprios jogadores. Nas folhas de atividades, não se tem [sic] este retorno imediato, pois se gasta tempo para corrigi-las e, muitas vezes, são devolvidas aos alunos uma semana depois de realizada [sic], quando dificilmente estarão interessados em retorná-las para pensar sobre o que fizeram naquela ocasião.

Os jogos devem, assim, apresentar desafios às crianças para que possam criar estratégias próprias, e não meramente aplicar técnicas que o professor ensinou.

Trabalharemos agora com três jogos de baralho*, destacando algumas possibilidades para o professor utilizá-los na escola. São eles: jogo "Batalha", jogo "Encontre 10" e jogo "Feche a caixa". Destacamos no entanto, que existem muitos outros jogos utilizando baralho. Para mais sugestões, indicamos as obras de Kamii e Livingston (1994), Kamii e Declark (1996) e Starepravo (2006).

Na sequência, apresentaremos os exemplos desses jogos para o ensino da matemática, destacando sugestões de intervenção ao professor.

---

* Em algumas escolas, o uso do baralho não é permitido por ser este considerado um estímulo à prática de jogos de azar envolvendo apostas. Na verdade, o que recomendamos aqui é o uso das cartas de baralho como um recurso didático. A vantagem está na facilidade de encontrá-las e do manuseio, já que são plastificadas. No entanto, caso a escola prefira, as cartas de baralho podem ser substituídas por cartas feitas com cartolina. Sugerimos que, nesse caso, as cartas sejam plastificadas para maior durabilidade.

4.3.1 Jogo "Batalha"*

MATERIAL: Jogo de baralho, somente as cartas com números (retirar as figuras).

PARTICIPANTES: 2 jogadores.

MODO DE JOGAR:

Distribuir igualmente as cartas entre os dois jogadores. Sem olhar as cartas, cada jogador faz uma pilha de cartas em sua frente. Ao mesmo tempo, cada jogador vira a carta que está por cima. Aquele que tiver a carta maior fica com as duas cartas.

Caso haja um empate, tem-se uma situação chamada de *batalha*. A próxima carta de cada jogador é colocada virada para baixo e cada um vira uma outra carta da pilha. O jogador que tiver o maior número de cartas no final do jogo será o vencedor.

Sugestões ao professor

De acordo com a faixa etária, o educador vai fazendo as intervenções necessárias. Por exemplo: Uma criança tirou a carta 5 e a outra a carta 3, então, o professor poderá fazer os seguintes questionamentos: "Quem tirou a maior carta? Como você sabe? Quanto a mais tem a carta de número 5? Que carta você teria que tirar para ganhar da de número 5?".

Segundo Kamii e Declark (1996, p. 190), "quando as crianças jogam Batalha, elas dizem qual número é o maior. Quando os números são muitos diferentes é fácil para elas perceberem qual é o maior (2 e 9 por exemplo); porém, com números como "8" e "9" é difícil usar só a percepção."

O professor pode pedir também que as crianças representem as cartas no papel, ressaltando que essa representação deve ser feita

---

* Esta seção foi baseada em Kamii e Declark (1996).

na ordem do jogo: "Comecem pelas cartas que valem menos e coloquem até chegar na que vale mais".

Ao final do jogo, as cartas podem ser contadas de diferentes maneiras, conforme a faixa etária dos alunos e os objetivos do professor. Por exemplo: o vencedor pode ser aquele que, somando-se as quantidades de todas as suas cartas, obtiver o maior resultado. Podem-se multiplicar as cartas por jogada quando se tratar de crianças maiores. Por exemplo: um jogador virou a carta 5 e ganhou porque o colega virou a carta 3, então ele marca 5x3=15-15 pontos nessa jogada. No final, somam-se todas as jogadas.

Uma variação do jogo é trabalhar da seguinte maneira: ganha quem virar a carta menor e, ao final, quem tiver menos cartas. Pode-se também propor as subtrações entre as cartas retiradas, e o jogador marca o resultado da subtração em forma de pontos; ao final, ganha quem tiver mais pontos. Por exemplo: um jogador virou a carta 8 e outro a carta 5, ganha quem virou a 5, pois 5<8, e marca 3 pontos, pois 8-5=3.

O professor ainda pode criar outras formas de intervenção ou de exploração do jogo, podendo sugerir que as próprias crianças criem outras formas de jogar. Posteriormente, ele pode utilizar a situação vivenciada no jogo a fim de criar problemas para as crianças resolverem em seus cadernos. Dessa forma, os problemas que já foram vivenciados ao jogar poderão ser mais facilmente compreendidos por elas.

4.3.2 Jogo Encontre 10*

MATERIAL: Cartas de Baralho de Ás a 9, sendo que o Ás representa o 1 (podem ser substituídas por 54 cartões com os numerais de 1 a 9).

PARTICIPANTES: de 2 a 4 jogadores.

---

* Esta seção foi baseada em Kamii e Livingston (1994).

Modo de jogar:

Distribuem-se todas as cartas entre os participantes, que as arrumarão em um monte virado para baixo. Deixam-se, aproximadamente, 4 cartas na mesa viradas para cima. Discute-se quem iniciará o jogo e a ordem dos demais jogadores conforme as sugestões das crianças ("dois ou um" ou como preferirem). Cada jogador, na sua vez, vira a carta de cima do seu monte e tenta fazer um par cujo total forme 10 com uma das cartas da mesa.

Caso alguém consiga o par, resgata as duas cartas para si. Por exemplo: na mesa há as cartas 2, 5, 8 e 9 e o jogador virou a carta 2; ele pode, então, pegar a carta 8, pois 2+8=10, e ficar com as duas cartas para si.

Em caso de o jogador não conseguir formar 10 juntando a carta virada com alguma carta da mesa, coloca a sua carta na mesa, virada para cima. Por exemplo, se o jogador vira a carta 5 e não tem outro 5 na mesa, ele descarta o seu 5 na mesa e é a vez do próximo jogador.

Vencerá o jogo quem obtiver o maior número de pares.

Sugestões ao professor

Esse jogo é indicado para crianças de primeiro a terceiro anos do ensino fundamental, mas pode ser utilizado também com crianças de outros anos que apresentem dificuldades de aprendizagem em adição e subtração. Com essas crianças, o professor pode usar um material de apoio, como palitos ou as unidades do material dourado, solicitando que a criança pegue a quantidade de palitos que sua carta representa e, depois, a quantidade que falta. Em seguida, deve solicitar que ela procure na mesa a carta correspondente à quantidade faltante.

Outra forma de usar o material concreto junto com as cartas é solicitar que a criança pegue a quantidade da carta que virou e tente verificar todas as quantidades da mesa que podem ou não formar 10.

> Ao final do jogo, solicita-se que as crianças arrumem os pares, verificando as diferentes possibilidades de formar 10. Depois que elas vivenciaram o jogo na ação, pode-se utilizar o jogo para propor problemas escritos, como, por exemplo: "Duas crianças estão jogando "Encontre 10", uma delas virou a carta 3 e a outra a carta 8. Sabendo que as duas crianças pegaram cartas da mesa e fizeram os pares, quais as cartas que, obrigatoriamente, devem estar na mesa?"

4.3.3 Jogo "Feche a caixa"*

MATERIAL:** Dois conjuntos de nove cartas, do Ás ao 9, sendo que o Ás representa o 1; 2 dados; lápis e papel para marcação dos pontos.

PARTICIPANTES: 2 jogadores.

MODO DE JOGAR:

Organize as nove cartas em linha, na sequência de 1 a 9, viradas para cima. Deixe as crianças decidirem que critério irão utilizar para definirem quem iniciará o jogo, incentivando, assim, a autonomia delas.

O jogador lança os dois dados e, conforme a soma destes, vira as cartas para baixo como quiser. Por exemplo: nos dados saem 1 e 6; como 1+6=7, o jogador poderá virar as cartas 7, 1 e 6, 2 e 5, 3 e 4. Ele continua jogando os dados até que não seja possível usar as cartas restantes da mesa para mostrar a soma dos dados. Nesse caso, somam-se todos os números das cartas que sobraram e marca-se o resultado.

O jogo termina quando um dos jogadores chegar a 45 pontos, obtidos pelas adições das cartas restantes nas diferentes jogadas. Quem atingir 45 pontos primeiro, perde o jogo.

---

* Esta seção foi baseada em Kamii e Livingston (1994).

** No jogo "Feche a caixa" que propomos aqui, são utilizadas cartas de baralho, mas ele também pode ser encontrado industrializado, como jogo de tabuleiro.

Sugestões ao professor

Assim como no jogo "Encontre 10", descrito anteriormente, o professor pode usar materiais de apoio para crianças que apresentem dificuldades de aprendizagem. Ele ainda pode propor variações no jogo, como, por exemplo, multiplicar as cartas restantes viradas para cima: estão restando as cartas 2 e 7 e os dados caem 1 e 5; as possibilidades para virar seriam 6, 2 e 4, 3 e 3; isto é, não é possível continuar. Em vez de registrar 2+7=9, o jogador registra 2 x 7 = 14. Caso o professor trabalhe com multiplicação, é preciso aumentar o valor 45 para que o jogo não termine rapidamente.

O importante é que, durante as jogadas, o professor proponha questões para a criança pensar, como, por exemplo: "Você tirou 6 e 3 e virou a carta 9. Será que essa é a melhor alternativa? Há algum outro jeito de conseguir formar o 9? Como você sabe? Explique-me como você pensou".

4.3.4 Jogo do "Buraco"*

Material: Duas caixas com um buraco no meio cada uma, sendo cada caixa de uma cor. As caixas podem ser de madeira ou de papelão (caixas de sapato) encapadas ou pintadas com duas cores diferentes, por exemplo, vermelho e azul; fichas coloridas de cartolina das mesmas cores das caixas (aproximadamente 50 fichas de cada cor); uma ampulheta.

Participantes: 2 jogadores.

Modo de jogar:

O professor solicita aos jogadores que decidam entre si quantas fichas serão colocadas por vez dentro da caixa do buraco, por exemplo, de 3 em 3, de 4 em 4 etc. O professor ou um dos participantes vira a

---

* Esta seção foi baseada em Saravali (2005).

ampulheta e, quando a areia começar a cair, os jogadores colocam suas fichas no buraco da caixa até acabar o tempo.

Além de colocar as fichas rapidamente dentro das caixas, os jogadores devem saber, ao final, quantas fichas foram colocadas ao todo.

O vencedor da partida é aquele que, além de ter mais fichas dentro da caixa, acertar a quantidade colocada. Quem ganhar mais partidas será o vencedor do jogo.

Sugestões ao professor

O jogo do "Buraco" pode ser utilizado para trabalhar noções de multiplicação e divisão com crianças do segundo ao quinto ano do ensino fundamental.

No decorrer do jogo, o professor pode propor algumas variações, como, por exemplo, uma criança colocar as fichas de duas em duas e a outra colocá-las de três em três. Ao terminar o tempo da ampulheta, o professor pergunta para cada uma delas se sabem quantas fichas há nas caixas e por quê. Em seguida, propõe que descubram a quantidade do colega, supondo que ele tenha colocado o mesmo tanto de vezes. Veja um exemplo:

Você colocou quantas fichas? "Coloquei 20." Como você sabe? "Porque fui colocando de 2 em 2 as fichas e contei as vezes que pus a mão no buraco, foram 10: então 2x10=20. Coloquei 20 fichas." Seu amigo colocou de 3 em 3, se ele colocou o mesmo tanto de vezes que você a mão na caixa, dá para saber quantas fichas tem na caixa dele?

Nesse ponto, a criança deverá tentar descobrir a quantidade de fichas do adversário. O professor pode perguntar: "Quem ganhou a partida? Quantos pontos o vencedor fez a mais? Como você faz para saber?". Ou, ainda, questões mais complexas, como: "Se você colocar de 2 em 2 e eu de 3 em 3, tem como você ganhar de mim? Se eu conseguir 13 vezes 3 fichas, quantas vezes de 2 fichas você precisa ter colocado para ganhar o jogo?". O professor pode solicitar que a criança demonstre os resultados usando as fichas.

Outra variação possível é solicitar que as crianças abram as caixas, contem as fichas e tentem descobrir quantas vezes foram colocadas. Dessa forma, o professor pode trabalhar com a noção de divisão.

4.3.5 Jogo "Três em linha"*

MATERIAL: 16 fichas de duas cores diferentes (transparentes), sendo 8 de cada cor; um tabuleiro como o da Figura 14; dois clipes ou outro objeto qualquer que sirva como marcador.

Figura 14 – Jogo "Três em linha"

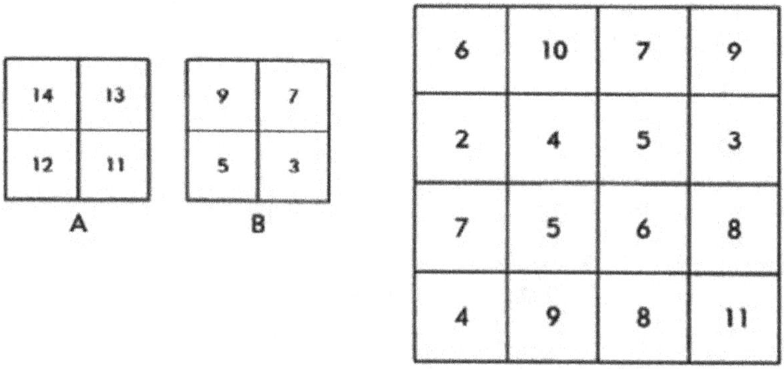

14	13
12	11
A

9	7
5	3
B

6	10	7	9
2	4	5	3
7	5	6	8
4	9	8	11

PARTICIPANTES: 2 jogadores.

MODO DE JOGAR:

Os jogadores escolhem a cor das fichas que querem jogar e decidem quem começará o jogo. Em seguida, um jogador escolhe um número do quadrado A e um número do quadrado B e coloca os dois marcadores (clipes) nesses números. Após escolher os números, subtrai o menor do

---

* Esta seção foi baseada em Kamii e Joseph (2005).

maior e encontra a resposta no quadrado maior, marcando-a com uma de suas fichas.

Quando o resultado da subtração é um número que já está coberto, o jogador perde sua jogada. Vence o jogo aquele que conseguir fazer uma sequência de três fichas no sentido horizontal, vertical ou diagonal.

Sugestões ao professor

Esse jogo é extremamente interessante para se trabalhar antecipação e cálculo mental, já que os jogadores, ao escolherem os números dos quadrados A e B, têm a possibilidade de pensar no resultado da subtração antes de fazerem a sua escolha. O professor pode sugerir que pensem antes dessa escolha, quando os jogadores não tiverem percebido isso.

Outro aspecto interessante é o raciocínio espacial que pode ser desenvolvido ao utilizar o tabuleiro, pois para vencer é preciso marcar três espaços alinhados em uma das direções (horizontal, vertical ou diagonal). Se o jogador conseguir antecipar o resultado nos lugares adequados, poderá vencer o jogo.

Ao longo deste, o professor pode fazer intervenções incentivando os jogadores a fazerem essas antecipações propostas. Com as crianças com dificuldades para fazer as antecipações, podem ser também utilizados materiais concretos (palitos, botões etc.).

Outra possibilidade é criar problemas a partir das situações de jogo e incentivar o registro das jogadas, utilizando lápis e papel para isso.

4.3.6 Jogo "Cubra os dobros"*

Material: um tabuleiro como o da Figura 15, que pode ser reproduzido em cartolina; um dado; 12 fichas de cartolina ou de plástico.

Figura 15 – Jogo "Cubra os dobros"

12	10	8	6	4	2
CUBRA OS DOBROS					
2	4	6	8	10	12

Participantes: 2 jogadores.

Modo de jogar:

Após combinarem quem começa o jogo, o primeiro jogador lança o dado e cobre com uma ficha o número que representa o dobro do número tirado no dado. Caso saia no dado um número cujo dobro já foi coberto, o jogador passará a vez. Vence o jogo aquele que cobrir todos os números do seu lado do tabuleiro primeiro.

Sugestões ao professor

Durante o jogo, o professor pode fazer questionamentos que possibilitem aos jogadores trabalharem com os dobros e também com as metades, como, por exemplo: "Para você cobrir o 12 no seu lado do tabuleiro, que número deve sair no dado? Como você sabe? Que número você deverá cobrir quando sair o 4 no dado? Explique-me como você pensou." Em seguida, proponha problemas a partir do jogo.

---

* Esta seção foi baseada em Kamii e Joseph (2005).

Para as crianças que tiverem dificuldades, utilize algum tipo de material concreto, como palitos ou fichas de cartolina, a fim de que possam manusear durante a resolução do jogo.

Outras questões podem ser propostas, como: "Por que não há o número 1 no tabuleiro? Por que só vai até o 12? Por que aparecem somente números pares?"

4.3.7 Jogo "Zigue-zague"*

Material: um tabuleiro como o da Figura 16; três dados; um peão para cada jogador.

Figura 16 – Jogo "Zigue-zague"

	Chegada							
2	9	7	4	6	8	7	5	9
5	4	3	8	9	1	2	5	4
8	7	6	3	5	4	9	2	7
6	2	5	7	8	7	6	4	3
8	7	3	6	4	1	2	5	1
2	4	8	5	9	7	6	8	5
7	3	2	1	5	4	5	7	3
5	8	7	2	8	7	6	9	8
8	4	5	6	7	3	6	5	3
2	8	1	8	10	7	9	4	5
7	5	6	9	4	2	8	1	3
	Largada							

Participantes: de 2 a 4 jogadores.

---

* Esta seção foi baseada em Kamii e Joseph (2005).

Modo de jogar:

Os peões são colocados na posição de "largada". Vencerá o jogo quem chegar primeiro à posição de "chegada".

O jogador lança os três dados. Os três números obtidos podem ser somados e/ou subtraídos de qualquer forma. Por exemplo: se caírem em 2, 5 e 6, podem ter os seguintes resultados: 13, 1, 3, 9, dos diferentes modos:

13 (2 + 5 + 6)

1 (2 + 5 − 6)

3 (2 + 6 − 5) ou (6 + 2 − 5) ou (6 − 5 + 2)

9 (6 − 2 + 5) ou (5 + 6 − 2) ou (6 + 5 − 2) ou (5 − 2 + 6)

O jogador poderá colocar seu peão no 13, 1, 3 e 9. Como os números vão de 1 a 10, o 13 não pode ser marcado.

O jogador pode mover-se uma casa por vez para frente, para trás, para os lados ou em diagonal. Por exemplo, se estiver no número 9 da primeira fileira (Figura 16), pode ir para 6, 1, 8, 10 e 4. Dessa forma, deverá perceber, antecipadamente, qual é a melhor opção de operar com os números, trabalhando com o cálculo mental.

Sugestões ao professor

No decorrer do jogo, o professor pode propor questões que estimulem o cálculo mental dos jogadores. É importante incentivar que os participantes tentem descobrir o maior número possível de possibilidades de cálculos diferentes, utilizando as noções de adição e subtração. Para isso, após eles apresentarem uma possível solução, faça questionamentos como: "Há alguma outra possibilidade, usando os números do dado, de se obter outro resultado? Mostre-me todos os jeitos com que você consegue fazer operações utilizando esses números que foram sorteados nos dados. Observando o tabuleiro, qual seria a melhor forma de se locomover?".

É importante também utilizar, nesse jogo, algum tipo de material concreto (palitos, botões etc.) para auxiliar as crianças que tiverem mais dificuldade com o cálculo mental. A partir da utilização do material concreto, viabilizando a compreensão das noções envolvidas, as crianças com dificuldades poderão começar a utilizar o cálculo mental.

Sugerimos aqui alguns jogos que julgamos interessantes para ilustrar as diferentes possibilidades de intervenção feita pelo professor e o quanto um trabalho dessa natureza pode contribuir para a aprendizagem da matemática. Ressaltamos, porém, que existem muitos outros jogos que podem ser utilizados pelo professor nas aulas dessa disciplina. Para pesquisar e conhecer esses jogos, sugerimos leituras sobre esse tema nas indicações culturais.

Síntese

Os jogos constituem um recurso favorável ao ensino da matemática, pois apresentam situações-problema significativas que desafiam o pensamento da criança, desencadeando os processos de equilibração, responsáveis pela construção de novos conhecimentos.

A linguagem matemática, que é, muitas vezes, difícil para a criança entender na sala de aula, pode ser mais facilmente compreendida em um contexto lúdico.

A motivação presente nos jogos no contexto pedagógico faz com que os alunos participem ativamente, buscando melhorar suas estratégias, rever suas jogadas, a fim de vencer o adversário na próxima vez.

Muitas pesquisas apontam a importância de os jogos serem utilizados no ensino da matemática, bem como seus resultados positivos nos processos de ensino e de aprendizagem. Entre essas pesquisas, podemos citar: Brenelli (1993, 1996), Kamii e Declarck (1996), Grando (1995, 2000), Macedo, Petty e Passos (1997), Rabioglio (1995), Guimarães (1998, 2004), Lorenzato (2006a, 2006b), entre outros.

Os PCN para o ensino da matemática (Brasil, 2001b) também apontam a relevância dos jogos no contexto pedagógico e seu caráter de desafio.

Vale destacarmos que a intervenção do professor durante o jogo é fator fundamental para que possam ocorrer avanços no pensamento da criança. O professor é o responsável por criar situações-problema, durante o jogo e ao final dele, as quais permitam à criança refletir sobre sua ação. Dessa forma, a criança, com esse processo como um todo (ação de jogar, reflexão da ação e novamente ação), poderá construir seus conhecimentos, melhorar suas estratégias e desenvolver seu raciocínio.

Ainda apresentamos, neste capítulo, uma proposta de intervenção com o jogo "Pega-varetas", com objetivo de ilustrar o papel do professor e algumas possibilidades de se trabalhar com cálculos no momento da contagem de pontos. Para ilustrar, discutimos algumas resoluções de crianças em atividades com esse jogo, solicitadas pelo professor.

Dada a importância de um trabalho dessa natureza, indicamos ainda alguns jogos para o ensino da matemática, suas regras, objetivos, modos de jogar e sugestões de intervenções que o professor pode propor ao utilizá-los. Entre os jogos estão: Batalha, Encontre 10, Feche a caixa, jogo do Buraco, Três em linha, Cubra os dobros e Ziguezague.

Indicações culturais

BRENELLI, R. P. **O jogo como espaço para pensar**: a construção de noções lógicas e aritméticas. São Paulo: Papirus, 1996.

A autora aborda o uso de jogos de regras como uma possibilidade de incentivar as crianças a pensarem. Apresenta ainda as possíveis intervenções pedagógicas com os jogos "Quilles" e "Cilada" para construção das noções aritméticas elementares. Também destaca a importância dos jogos de regras para a construção do conhecimento matemático pelas crianças, tendo como fundamentação teórica a epistemologia genética de Jean Piaget. A obra traz valiosas contribuições para o trabalho do professor e também do psicopedagogo.

GRASSI, T. M. **Oficinas psicopedagógicas**. 2. ed. Curitiba: Ibpex, 2008.

Essa obra traz sugestões de atividades para educadores de todas as séries. Com relação às oficinas psicopedagógicas, são usadas atividades lúdicas com brinquedos e jogos que podem ser úteis a educadores e demais pessoas que lidam com crianças.

KAMII, C.; JOSEPH, L. L. **Crianças pequenas continuam reinventando a aritmética**: implicações da teoria de Piaget. Tradução de Vinícius Figueira. 2. ed. Porto Alegre: Artmed, 2005.

Com base na teoria piagetiana, as autoras discutem sobre o ensino da matemática voltado para compreensão por parte da criança, propõem situações e atividades que tenham sentido para esta, valorizando sua forma de pensar e criar estratégias próprias, as quais possam contribuir para a construção de sua autonomia intelectual. Apresentam também uma grande variedade de jogos de regras que podem ser usados para o professor trabalhar a matemática na escola. É uma obra bastante interessante para o professor que pretende fazer um trabalho com jogos no ensino da matemática, valorizando o pensamento da criança.

MACEDO, L.; PETTY, A. L. S.; PASSOS, N. C. **Quatro cores, Senha e Dominó**: oficinas de jogos em uma perspectiva construtivista e psicopedagógica. São Paulo: Casa do Psicólogo, 1997.

Os autores abordam a importância dos jogos para os contextos escolares, psicopedagógicos e culturais. Apresentam os jogos Senha, Quatro cores e Dominó e diferentes propostas de intervenção por meio deles. O livro possui um caderno de atividades no qual são apresentadas várias atividades escritas sobre os três referidos jogos. Trata-se de uma obra importante para o professor que pretende trabalhar com jogos de regras na escola.

MACEDO, L.; PETTY, A. L. S.; PASSOS, N. C. **Aprender com jogos e situações-problema**. Porto Alegre: Artmed, 2000.

Esse livro trata do trabalho com jogos de regra desenvolvidos pelo Laboratório de Psicopedagogia (LaPp) do Instituto de Psicologia da Universidade de São Paulo (USP). Primeiramente, apresenta uma síntese da metodologia adotada pelo LaPp e, em seguida, aspectos gerais da teoria piagetiana, importantes para a educação. Destaca ainda diferentes tipos de jogos de regras e suas possibilidades de intervenção psicopedagógica. Os jogos abordados são: Quilles, Sjoelback, Caravana, Resta um, Traverse e Quarto. A obra traz valiosas contribuições para os contextos pedagógicos e psicopedagógicos em que os jogos de regras estão presentes.

ATIVIDADES DE AUTOAVALIAÇÃO

1. Leia as afirmativas a seguir e assinale (V) para verdadeiro ou (F) para falso, marcando, em seguida, a alternativa que indica a sequência correta:

   ( ) Enquanto o trabalho é muito importante para o adulto, o jogo representa essa importância para a criança.

   ( ) Os jogos ou material concreto por si só não são responsáveis pela construção do conhecimento, mas sim a utilização que a criança faz deles por meio das intervenções propostas pelo professor.

   ( ) Um tipo de jogo pode ser utilizado em diferentes faixas etárias, dependendo dos objetivos do professores e das atividades propostas por meio dele.

   ( ) Muitos jogos de regras podem trabalhar com operações aritméticas fundamentais no momento da contagem dos pontos para se descobrir o vencedor.

   a) V, V, V, F.
   b) V, F, V, V.
   c) V, V, V, V.
   d) V, V, F, V.

2. Brenelli (1996) pesquisa a importância do jogo no contexto pedagógico, destacando a relevância deste para os processos de ensino e de aprendizagem da matemática. Leia as alternativas a seguir e assinale a que expressa melhor as ideias do autor:
   a) Os jogos de regras podem possibilitar os processos de construção da inteligência sempre que a criança os utiliza na escola.
   b) Os jogos de regras podem exercitar cooperação e operação, uma vez que podem desencadear os processos de equilibração responsáveis pela construção do conhecimento quando o professor propõe as intervenções pedagógicas adequadas.
   c) Os jogos são úteis na escola, exceto para as crianças que apresentam dificuldades de aprendizagem em matemática, já que estas terão dificuldades de pensar sobre o jogo e não poderão responder as intervenções pedagógicas sugeridas pelo professor.
   d) As intervenções pedagógicas durante o uso de jogos são importantes, mas não devem ser propostas a todas as crianças na sala de aula para não atrapalhar a disciplina, e sim durante o recreio e as aulas de educação física.

3. Analise as frases a seguir e assinale (V) para verdadeiro ou (F) para falso quanto ao uso do jogo "Pega-varetas". Em seguida, marque a opção que mostra a sequência correta:
   ( ) Pode trazer problemas à escola, já que uma criança pode machucar a outra com as varetas, por isso deve ser evitado ao máximo.
   ( ) Possibilita o trabalho com as operações na contagem dos pontos, podendo ser útil também no cálculo mental.
   ( ) Devido à dificuldade em resgatar as varetas sem mexê-las, não deve ser utilizado nas séries iniciais do ensino fundamental.
   ( ) Dependendo da dificuldade dos alunos, o professor poderá alterar o valor de pontos de cada cor de vareta, viabilizando assim os cálculos matemáticos.
   a) V, V, V, V.
   b) F, F, F, F.
   c) V, V, F, V.
   d) F, V, F, V.

4. Kamii e Declarck (1996), Kamii e Joseph (2005) apresentam vários jogos para serem utilizados no ensino da matemática, destacando a relevância de um trabalho dessa natureza quando o professor intervém de forma adequada. Nesse sentido, é correto afirmar:

   a) O jogo "Batalha" pode ser utilizado desde a educação infantil para trabalhar as quantidades e a comparação entre elas. Para isso, o professor pode recorrer a um material concreto que sirva de apoio ao raciocínio da criança.

   b) O jogo "Batalha" deve ser evitado em todas as escolas, pois jogar com cartas de baralho pode desenvolver nas crianças interesse por jogos de azar.

   c) O jogo do "Buraco" é muito difícil para as séries iniciais e, portanto, deve ser usado apenas a partir do sexto ano, pois trabalha com raciocínio envolvendo antecipações.

   d) O jogo "Três em linha" é útil nas séries iniciais do ensino fundamental, mas, para poder jogá-lo, a criança deve saber todas as operações mentalmente.

5. A partir dos jogos de regras exemplificados neste capítulo, relacione o jogo com as suas características. Assinale, a seguir, a alternativa que apresenta a sequência correta:

   Tipos de jogos:

   (1) Zigue-zague

   (2) Três em linha

   (3) Encontre 10

   (4) Cubra os dobros

   (5) Buraco

   Características:

   ( ) Trabalha com a noção de multiplicação, mas as respostas também podem ser obtidas por adições sucessivas.

   ( ) Trabalha com noções de multiplicação e divisão, possibilitando fazer antecipações durante as jogadas.

   ( ) Trabalha com adições e subtrações ao mesmo tempo, favorecendo o cálculo mental.

( ) Além de trabalhar com subtrações, utiliza também o raciocínio espacial.

( ) Trabalha com as diferentes composições do todo.

a) 4, 5, 1, 2, 3.
b) 5, 4, 3, 2, 1.
c) 5, 4, 3, 1, 2.
d) 4, 5, 2, 1, 3.

Atividades de aprendizagem

Questões para reflexão

1. Neste capítulo, você pôde perceber a importância do uso de jogos para os processos de ensino e de aprendizagem em matemática. Comente as ideias a seguir que destacam pontos importantes a serem considerados em um trabalho dessa natureza, concordando ou não com as afirmativas apresentadas.

    a) Os jogos desenvolvem o raciocínio matemático quando os professores realizam as intervenções pedagógicas adequadas.

    b) Além de o jogo ser adequado para o trabalho com a matemática, é preciso escolher a idade adequada para jogá-lo.

    c) Os jogos atrapalham as aulas porque as crianças fazem muito barulho e conversam bastante durante o tempo em que estão jogando.

2. Diante dos jogos apresentados, escolha um deles e proponha atividades de matemática sistematizadas, que possam ser realizadas após o uso do jogo na sala de aula.

Atividades aplicadas: prática

1. Escolha dois jogos de regras sugeridos neste capítulo e reproduza-os com sucatas. Após estudar as possíveis intervenções pedagógicas propostas, aplique-os em grupos de crianças de diferentes idades.

Observe as diferentes estratégias usadas pelas crianças nas diferentes faixas etárias, bem como a maneira como lidam com o jogo.

2. Pesquise em *sites*, revistas e livros outros tipos de jogos que podem ser utilizados no ensino da matemática. Proponha algumas possibilidades de intervenção pedagógica com eles. Se possível, aplique-os com crianças de diferentes idades.

O PROCESSO AVALIATIVO NO ENSINO DA MATEMÁTICA

Podemos dizer que a avaliação, da forma como geralmente é praticada nas escolas, pouco tem a contribuir para a aprendizagem matemática dos alunos e dos próprios professores. Com base nessa constatação, é importante discutirmos alguns aspectos relacionados ao processo avaliativo no ensino dessa disciplina.

Quando pensamos em avaliação, logo imaginamos os testes direcionados ao aluno a fim de verificar seu desempenho. No entanto, ela engloba também o trabalho do professor. As avaliações do aluno e do professor possibilitam verificar se os objetivos estão sendo alcançados, se a metodologia deve ser mantida ou, ainda, se as estratégias devem ser repensadas.

É preciso considerar a avaliação uma prática constante e não simplesmente a última etapa do processo. Portanto, ela deve ser contínua, ou seja, ao longo deste.

O professor precisa avaliar continuamente seu trabalho. Para isso, Lorenzato (2006b, p. 28) destaca algumas reflexões importantes para serem feitas durante a prática de ensino de matemática:

- como tenho abordado os assuntos que desejo desenvolver com meus alunos?
- as questões que são sugeridas estão auxiliando o aluno na (re)descoberta das noções que quero propor?
- tenho proporcionado a participação de todas as crianças, ouvindo-as e incentivando-as a opinar?
- as atividades propostas estão adequadas às possibilidades de meus alunos?
- o que pretendo com cada atividade proposta?
- a integração dos assuntos está satisfatória?
- há necessidade de rever a distribuição do tempo entre os vários "conteúdos"?

Ao pensarmos nas intervenções feitas pelo professor, devemos considerar que:

> [elas] nunca devem significar uma censura ou crítica às más respostas, mas ser construtivistas, ou seja, devem oferecer às crianças oportunidades de reavaliar suas crenças, rever suas posições, confrontar-se com incoerências, ser desafiadas cognitivamente, enfim, propiciar condições de construção de conhecimento. (Lorenzato, 2006a, p. 21)

Nessa mesma linha, Carraher et al. (1988, p. 181) ressaltam que "a liberdade de pensar e organizar diferentes formas de solução é essencial para que o aluno recrie um modelo matemático em ação".

Nesse sentido, é fecundo provocar desequilíbrios que realmente despertem o interesse e a vontade dos educandos em superá-los, pois, como afirma Perrenoud (2000, p. 31),

> deparar-se com o obstáculo é, em um primeiro momento, enfrentar o vazio, a ausência de qualquer solução, até mesmo de qualquer pista ou método, sendo levado à impressão de que jamais se conseguirá alcançar soluções. Se ocorre a devolução do problema, ou seja, se

os alunos apropriam-se dele, sua mente põe-se [sic] em movimento, constrói [sic] hipóteses, procede [sic] a explorações, propõe [sic] tentativas "para ver".

Faz-se necessário, assim, que o ensino da matemática esteja repleto de significado, como afirmou Brousseau, citado por Charnay (1996, p. 37):

> o sentido de um conhecimento matemático se define: não só pela coleção de situações em que este conhecimento é realizado como teoria Matemática, não só pela coleção de situações em que o sujeito o encontrou como meio de solução; mas também pelo conjunto de concepções que rejeita, de erros que evita, de economias que procura, de formulações que retoma, etc.

É preciso também repensar e transformar as formas de atuação da escola, como propôs Becker (2003, p. 71): "a escola não deveria ensinar qualquer coisa antes de aprender o que o aluno traz consigo." A forma de registro por meio de desenhos também pode ser utilizada pela criança, porém, muitas vezes, a escola não reconhece a importância do desenho para a estruturação do pensamento infantil. O professor valoriza o resultado final, expresso na forma de algoritmo da operação usada na solução do problema, deixando de levar em consideração a variedade de estratégias construídas pelas crianças.

Em relação à importância de buscar soluções para os problemas por meio do desenho, Smole, Diniz e Cândido (2003, p. 28) afirmam que

> no trabalho com resolução de problemas, o desenho é importante não só para o aluno expressar a solução que encontrou para a situação proposta, mas também funciona como um meio para que a criança reconheça e interprete os dados do texto. [...] Neste sentido, o desenho na resolução de problemas representaria tanto o processo de resolução quanto a reescrita das condições propostas ao enunciado.

É importante destacarmos que, muitas vezes, a criança acredita erroneamente que só existe uma forma de resolver o problema. Quando não consegue chegar a essa solução, espera o professor apresentá-la na lousa.

O trabalho com resolução de problemas e registro por meio de desenho antes mesmo de aprender os algoritmos deveria ser trabalhado desde a educação infantil. O enfoque deveria ser nas formas de pensar e nas diferentes maneiras de se expressar o pensamento.

Muitas vezes, o professor de educação infantil preocupa-se com as técnicas operatórias e se esquece de valorizar os registros espontâneos que trazem elementos ricos para a avaliação do pensamento da criança.

Para exemplificar, destacamos uma situação vivenciada em um curso de formação continuada* para professores de educação infantil a respeito do ensino da matemática voltada para a compreensão. Após as leituras e as discussões teóricas durante as aulas, a proposta era que as professoras aplicassem algumas das atividades discutidas sobre resolução de problemas com base em Smole, Diniz e Cândido (2003) e trouxessem os registros das crianças com suas impressões para o próximo encontro do grupo de professores.

Uma das professoras trouxe alguns registros de seus alunos sobre a atividade aplicada. Veja nas ilustrações a seguir**:

---

* O curso, com carga horária de 48 horas, foi ministrado pela autora desta obra para professores de educação infantil da rede municipal de uma cidade do interior do Estado de São Paulo no ano de 2006. O objetivo principal foi o de repensar a prática pedagógica na educação infantil à luz do Referencial Curricular Nacional para a Educação Infantil (RCNEI) e da teoria piagetiana.

** As ilustrações apresentadas (Figuras 17 e 18) foram realizadas por professoras participantes do curso de formação continuada, ministrado pela autora desta obra, em suas salas de aula. As atividades foram aplicadas para as crianças coletivamente, mas eram resolvidas individualmente.

Figura 17 – Resolução por meio de desenho de D. (5; 9)

Nesse registro, podemos observar que D. (5; 9) apresenta a noção de adição solicitada no problema, demonstrada na sua resolução por meio de desenho. O registro de D. (5; 9) mostra os animais desenhados e ele ainda escreve o resultado por extenso. Podemos supor que ele, após desenhar os animais do enunciado do problema, tenha-os contado e, em seguida, colocado a resposta.

Observemos outro registro do mesmo problema:

Figura 18 – Resolução por meio de desenho de S. (6; 0)

Na resolução de S. (6; 0), também é utilizado o desenho dos animais do enunciado do problema, mas aqui a criança coloca o resultado em forma de algarismo.

Embora os dois registros mostrem a ideia da adição, nenhuma criança utilizou o algoritmo para resolver.

A professora que trouxe as atividades de seus alunos para a discussão do grupo estava inconformada porque nenhum deles utilizara algoritmos da operação de adição para resolver o problema. Veja a preocupação em seu relato a seguir*:

> Eu não entendo o que aconteceu. Todos os dias faço a roda, contamos juntos quantos meninos e quantas meninas vieram e eu escrevo na lousa em forma de adição armada. Depois resolvo a conta com eles e em seguida, copiam na folha deles. Não entendi porque numa conta fácil dessas não conseguiram armar e ficaram desenhando só.

A crença dessa professora era a de que, por demonstrar a conta na lousa todos os dias e as crianças copiarem, isso teria sentido e, portanto, geraria aprendizagem para elas. Ao contrário disso, quando incentivadas a resolverem o problema proposto da forma como preferissem, as crianças utilizaram o desenho e os numerais, demonstrando formas de pensar envolvendo a noção de adição e, portanto, a resposta correta, como mostraram as Figuras 17 e 18.

Nesse sentido, Sanches (2008, p. 44) afirma que, quando

> se pretende formar pessoas questionadoras, confiantes no seu pensamento, que argumentem e justifiquem seu raciocínio; é preciso, antes de mais nada, mudar a forma de se trabalhar com a Matemática. É preciso encorajar as crianças a pensarem por si mesmas, incentivando-as a confiarem em seu raciocínio.

---

* Relato de uma professora sobre a atividade de uma criança durante o curso ministrado pela autora. Ela relatou sua prática e impressões durante uma discussão com o grupo de professores cursistas, apresentou os desenhos e fez suas reflexões. O grupo e a professora formadora discutiram a atividade e os registros trazidos.

Desse modo, é importante que a escola encoraje as crianças a inventarem seus próprios métodos, pois os procedimentos de algoritmos, apesar de poder produzir respostas certas, muitas vezes, estas podem não ser entendidas e nem fazer sentido para a criança.

As pesquisas de Carraher et al. (1982), Rangel (1992), Sastre e Moreno (1980), Moro (1983), Piaget (1971), entre outros, alertam para o fato de que resolver corretamente operações e problemas aritméticos não significa que se tenha alcançado um nível real de compreensão destes.

Em seus estudos, Kamii e Livingston (1994) e Kamii e Declarck (1996) assinalam a tendência das escolas em ensinar matemática como técnica, valorizando a memorização em detrimento da compreensão.

Assim, os algoritmos são utilizados na resolução das operações e dos problemas logo no início do ensino fundamental. Segundo Kamii e Declark (1996, p. 55), esse fato é prejudicial devido a três motivos, explicitados a seguir:

1) Os algoritmos forçam o aluno a desistir de seu raciocínio numérico.
2) Eles "desensinam" o valor posicional e obstruem o desenvolvimento do senso numérico.
3) Tornam a criança dependente do arranjo espacial dos dígitos (ou de lápis e papel) e de outras pessoas.

As crianças que não têm conhecimento dos algoritmos podem pensar e inventar seus próprios procedimentos, conforme seu raciocínio.

Em relação ao valor posicional, os algoritmos levam a criança a reforçar a tendência de pensar em cada coluna como sendo unidade.

O uso de algoritmos permite ao aluno chegar a respostas corretas; entretanto, não lhe dá confiança, pois o torna dependente de papel e de lápis e da disposição espacial dos dígitos. O ideal seria que as crianças pudessem utilizar seus próprios meios de raciocínio, e não a memorização de regras sem nenhum sentido.

Assim, é necessário que haja processos de ensino e de aprendizagem da matemática que tenham realmente importância para a criança.

Diante disso, Grando (2000, p. 20) afirma que

> é preciso que seja possível ao aluno estabelecer um sistema de relações entre a prática vivenciada e a construção e estruturação do vivido, produzindo conhecimento. Novamente a ação transformadora do professor é ressaltada no sentido de desencadear um processo de ensino que valorize o "fazer Matemática", ou seja, o fazer com compreensão.

Essa necessidade de a escola repensar o processo de aprendizagem significativa em matemática também foi ressaltada por Brito (2001, p. 83):

> a escola deve sintetizar o ensino de conceitos de forma a adequá-los à capacidade cognitiva dos estudantes, estruturando-o de acordo com os princípios de inclusão nas classes, dependência entre os conceitos e as relações entre eles. Além disso, tais atividades podem ser formuladas levando em consideração os seguintes atributos definidores dos conceitos: aprendibilidade, utilidade, validade, generalidade, importância, estrutura, perceptibilidade de exemplos e numerosidade de exemplos, sendo estes atributos os determinantes da maneira como se dará a aprendizagem.

Caroll e Porter (1997) também destacam alguns aspectos utilizados para estimular a criação de novas estratégias pela criança, como: tempo para exploração dos seus métodos próprios; materiais concretos para dar suporte ao pensamento; apresentação de problemas em contextos significativos; troca de ideias sobre as estratégias entre os pares.

No que diz respeito aos erros, Dockrell e McShane (1992) destacam a possibilidade de estes, em relação à matemática, serem cometidos por qualquer criança. Tais erros podem ser passageiros, mas, quando não superados, podem gerar dificuldade de aprendizagem.

Nesse sentido, cabe ao professor propor atividades que desafiem os alunos a construírem e a desenvolverem estratégias mais avançadas, como jogos de regras, cálculo mental, solução de problemas e uso da história da matemática.

As diferentes estratégias utilizadas pelas crianças para resolverem um determinado problema, assim como os diferentes raciocínios, devem ser discutidos entre elas. Apresentaremos, a seguir, uma breve discussão sobre o papel construtivo do erro na aprendizagem matemática.

5.1 O PAPEL CONSTRUTIVO DO ERRO

A forma como a criança e o professor enfrentam os erros e os acertos pode interferir diretamente na aprendizagem da matemática. As crianças estão acostumadas a não serem questionadas quando a resposta está correta e, quando são questionadas, antes mesmo de tentarem descobrir onde está o erro, apagam toda a resolução, desconsiderando o trajeto de seu pensamento.

O professor, ao questionar a resolução da criança, propondo que ela explique como chegou até ela, pode trabalhar com a construção do conhecimento e a tomada de consciência.

Segundo os PCN para o ensino da matemática, o erro deve ser visto "como um caminho para buscar o acerto. Quando o aluno ainda não sabe como acertar, faz tentativas, à sua maneira, construindo uma lógica própria para encontrar a solução" (Brasil, 2001b, p. 59).

Assim, o professor atua estimulando a reflexão do aluno e, ao conseguir identificar a causa do erro,

> planeja a intervenção adequada para auxiliar o aluno a avaliar o caminho percorrido. Se, por outro lado, todos os erros forem tratados da mesma maneira, assinalando-se os erros e explicando-se novamente, poderá ser útil para alguns alunos, se a explicação for suficiente para esclarecer algum tipo particular de dúvida, mas é bem provável que outros continuarão sem compreender e sem condições de reverter a situação. (Brasil, 2001b, p. 59)

Para exemplificar esse fato, na sequência apresentaremos alguns exemplos de erros e acertos que podem suscitar a análise do professor. Mais importante que a resposta, correta ou não, é o caminho que a criança utilizou para chegar até ela. Observe os problemas a seguir e as diferentes resoluções usadas pelas crianças.*

Minha mãe quer fazer uma roupa e o tecido que ela quer custa R$ 24,80 o metro. Ela precisa de 3,5 m. Quanto vai pagar?

Figura 19 – Resolução incorreta utilizando a adição

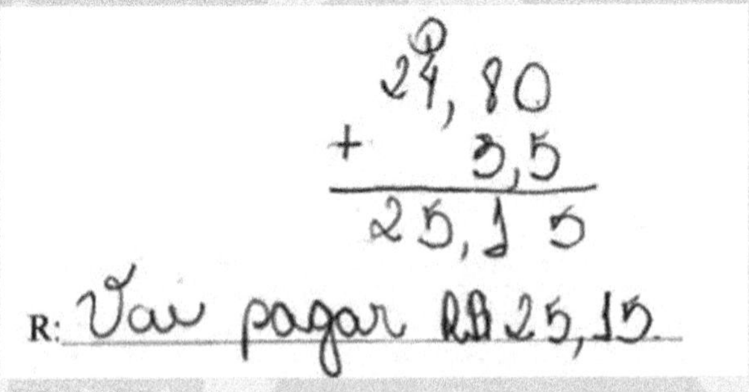

$$\begin{array}{r} 24,80 \\ +3,5 \\ \hline 25,15 \end{array}$$

R: Vai pagar R$ 25,15

A criança utilizou os números que aparecem no enunciado e fez uma conta qualquer. Talvez tenha optado pela adição por ser esta a primeira operação que aprendem. Aqui o professor poderá observar que é preciso trabalhar com o raciocínio solicitado no problema. Observe agora outro tipo de resolução, também incorreta:

---

* As Figuras 19, 20, 21, 22 e 23 foram retiradas da pesquisa "Processos cognitivos envolvidos na construção de estruturas multiplicativas", realizada pela autora em 2004. Foram propostos seis problemas de estrutura multiplicativa do tipo isomorfismo de medidas, baseados em Vergnaud (1991), para crianças de quarto e quinto anos do ensino fundamental de uma escola municipal de uma cidade do interior do Estado de São Paulo. Os problemas foram aplicados individualmente aos sujeitos pela autora. Durante a aplicação, a autora leu os problemas para evitar que questões de leitura pudessem interferir nos resultados. Para saber mais, consulte Guimarães (2004).

Figura 20 – Resolução incorreta utilizando a divisão

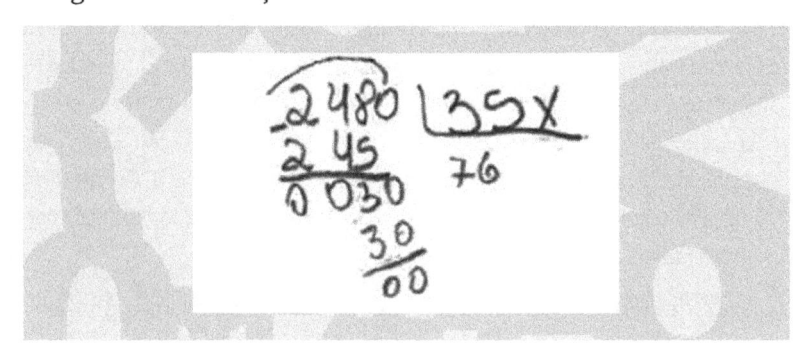

Nessa resolução podemos observar que a criança inverte o raciocínio solicitado no problema, pois, em vez de multiplicar, divide os números do enunciado e ainda faz confusão com a vírgula dos decimais e com a própria divisão.

A resolução a seguir mostra uma resposta correta utilizando um raciocínio interessante:

Figura 21 – Resolução correta utilizando multiplicação, divisão e adição

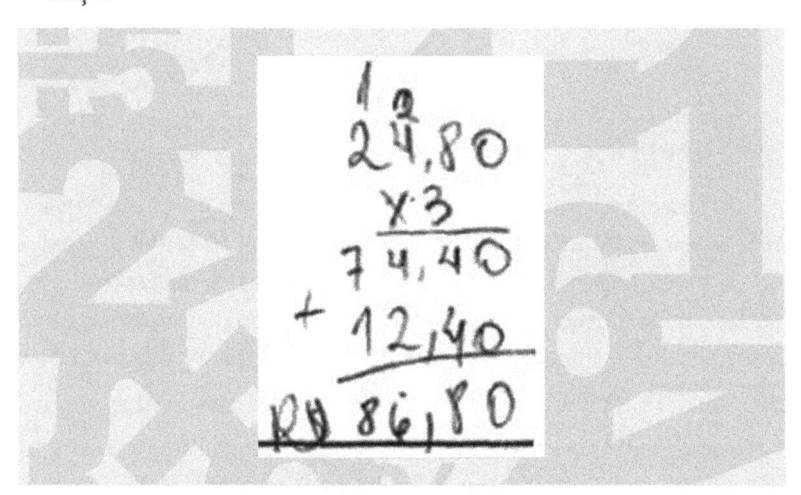

Essa criança, apesar de utilizar a multiplicação, ainda recorre à adição para completar a quantidade de metros necessária. Podemos inferir que o número decimal apresentou uma dificuldade para ela, apesar de já estar utilizando o algoritmo da multiplicação. Vale lembrar que, para fazer seu registro, ela utilizou também a divisão, uma vez que, para chegar ao valor de 0,5 m de tecido, precisou fazer o cálculo do preço da metade de um metro. Assim, pôde finalmente adicionar esse valor ao custo de três metros de tecido e, então, chegar ao resultado final de 3,5 m. Ao ser solicitada a explicar, destaca: "eu fiz 3 vezes 24,80 mais metade que é 12,40 dá 86,40."

A seguir, destacamos um problema que envolve a noção de divisão:

> Paguei R$ 12,00 por 3 garrafas de vinho. Quanto custou uma garrafa?

Figura 22 – Resolução incorreta utilizando multiplicação

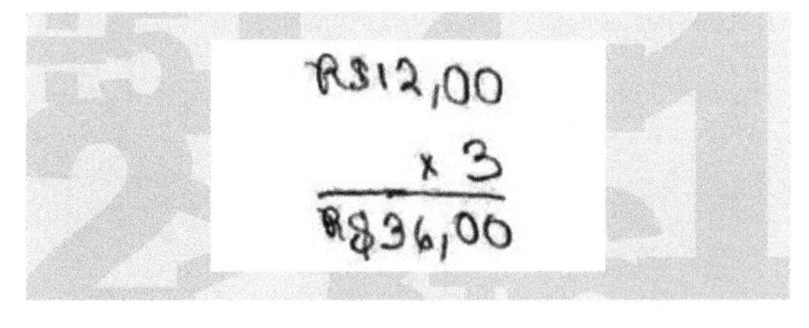

$$\begin{array}{r} R\$12,00 \\ \times\ 3 \\ \hline R\$36,00 \end{array}$$

A criança recorreu a uma multiplicação ao invés de a uma divisão, sem se dar conta de que o preço de uma garrafa de vinho foi maior que o preço pago por três das mesmas garrafas. É necessário, portanto, chamar a atenção da criança para esse fato. Aconselhamos ao professor utilizar materiais concretos, como palitos ou mesmo cópias de cédulas de dinheiro.

Observe outro tipo de resolução incorreta, a qual mostra que a criança negligencia o preço de uma caixa com três garrafas e considera esse valor como o preço de uma garrafa, ignorando a proporção.

> Comprei 12 garrafas de vinho. Cada caixa com 3 garrafas custa R$ 19,50. Quanto paguei?

Figura 23 – Resolução incorreta utilizando multiplicação, mas sem interpretar corretamente o enunciado do problema

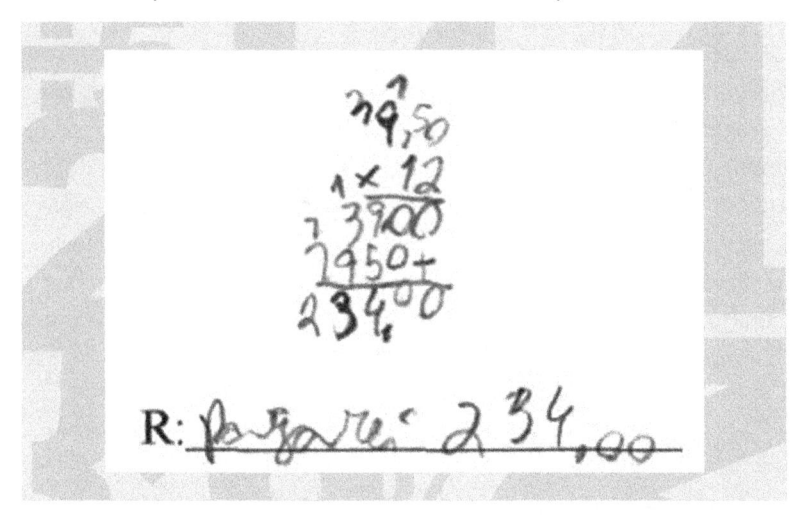

Apesar de usar a multiplicação, a criança não interpreta corretamente o enunciado. Desse fato podemos inferir que é preciso que a criança identifique as relações existentes no enunciado e não somente saiba fazer o cálculo numérico.

Vergnaud (1991) atenta para esse fato ao evidenciar que o tipo e a posição da incógnita do problema podem apresentar maior ou pior êxito na busca de sua solução.

Já para Taxa (2001), a compreensão da leitura e o desenvolvimento conceitual sobre a operação em jogo podem interferir na escolha adequada da operação para a solução do problema. Essa autora destaca ainda que os dados do enunciado ligados ao contexto, a familiaridade dos alunos com os termos e o tamanho dos números podem ser fatores importantes a serem considerados.

Os enganos cometidos pelas crianças relacionados às dificuldades de leitura ao tentarem solucionar problemas foram destacados também por Fini (2002, p. 69), o qual afirma que:

o aluno ainda pode tentar traduzir os problemas rapidamente em símbolos numéricos, sem pensar com cuidado sobre o enunciado. Isto pode levar o sujeito a enganos, mesmo quando sabe ler e pode entender as palavras. Ao tentar transformar os dados do problema em símbolos numéricos, registrando os números e cálculos, pode deixar de levar em conta as relações em pauta.

Esse fato também foi observado por Guimarães e Silva (2003), ao proporem uma avaliação do rendimento escolar, no ano de 2002, para, aproximadamente, 1.300 crianças de terceiras e quartas séries do ensino fundamental das escolas municipais de Mirassol (SP). Foram aplicadas quatro avaliações: produção de texto, língua portuguesa, matemática e conhecimentos gerais (história, geografia e ciências). Destacaremos somente a avaliação de matemática, área de interesse nesta obra. Esta contou com 10 questões que envolviam conteúdos ministrados pelos professores durante o ano letivo. Os resultados da avaliação mostraram que:

> os alunos, em sua maioria, dominam os algoritmos, ou seja, sabem executar as operações, entretanto nem sempre conseguem saber em quais situações utilizá-las. Os problemas que solicitavam um raciocínio que não exigia uma operação explicitamente, também foram alvos de dificuldades para os aluno. (Guimarães; Silva, 2003, p. 362)

Nesse sentido, não podemos deixar de destacar o papel do ensino que está sendo oferecido em relação às representações dos sujeitos. É possível, então, inferirmos que um ensino pautado em regras e sinais sem significado para as crianças não possa intervir em suas formas de representação, ou seja, pode não favorecer a construção do conhecimento matemático. Entretanto, não pretendemos ignorar o uso de sinais convencionais; reconhecemos sua importância, mas alertamos para a necessidade da compreensão de sua utilização, ao invés de apenas repeti-los.

É importante, então, o professor trabalhar a forma sistematizada da matemática, envolvendo os algoritmos. No entanto, é fundamental também incentivar e desafiar o raciocínio dos alunos, propondo situações que lhes possibilitem usar procedimentos próprios de resolução para, mais tarde, poderem compreender a utilização dos procedimentos sistematizados.

Nesse contexto, corroborando essas ideias, Macedo (2003, p. 94) destacou nove desafios ao professor para que este tenha uma prática docente reflexiva:

> 1) Atualizar compreensões e procedimentos sobre a escola e a prática docente: como ensinar (e aprender) pela lógica da inclusão?
> 2) Desenvolver novas habilidades e competências de ensino: como ensinar em uma escola para todos?
> 3) Ensinar em um contexto mais investigativo do que transmissivo: como articular presente, passado e futuro?
> 4) Desejar aprender e não apenas ensinar: como praticar uma formação contínua e variegada?
> 5) Tratar a prática e reflexão como formas interdependentes de conhecimento: como assumir uma prática reflexiva?
> 6) Assumir prática me reflexão nos termos da Lei de Tomada de Consciência de Piaget (1974-1978a): como interiorizar e exteriorizar conhecimentos e saberes?
> 7) Assumir prática e reflexão como processos mediados e recursivos: com quem realizar e compartilhar nossa formação e experiência docente?
> 8) Sobre o antes, o depois e o durante uma ação ou reflexão: quando praticar e refletir?
> 9) A docência como profissão: como superar a ideia de que ensinar é uma "simples" ocupação?

Outro aspecto importante a ser ressaltado aqui é a individualização do ensino como uma das alternativas para a aprendizagem significativa das crianças. Entendemos essa individualização como o processo em que o educador pode interagir durante suas aulas com todos os seus alunos, atendendo às necessidades individuais destes. Independentemente do número de alunos em sala de aula, essa proposta busca garantir o desenvolvimento das potencialidades de cada um deles. Para tal, a sala pode ser dividida em pequenos grupos, de forma que cada grupo realize uma atividade diferente, de acordo com o planejamento do professor para sua turma. Os grupos mudariam de propostas a fim de que cada aluno passasse por todas as atividades.

Assim, o educador poderia dar uma atenção especial para cada grupo, podendo realizar intervenções, propondo desafios conforme o nível de aprendizagem em que cada educando se encontra. É claro que essa organização, a princípio, é bastante difícil e pode parecer impraticável. No entanto, além de os conteúdos poderem ser mais bem aprendidos, o desenvolvimento da autonomia também é privilegiado, uma vez que os alunos podem fazer suas escolhas conforme suas preferências e necessidades, respeitando seu ritmo individual.

Com base em tudo o que vimos é que o papel da avaliação no ensino da matemática deve ser revisto por todos aqueles que se propõem a ensiná-la de uma forma tal que o aluno realmente aprenda.

Síntese

O processo de avaliação precisa ter caráter de abertura e deve ser repensado pelos profissionais da educação.

Quando pensamos em avaliação, precisamos considerar todos os envolvidos nesse processo, ou seja, alunos e professores. Por meio de uma avaliação adequada, o professor tem subsídios para manter ou alterar o planejamento proposto, podendo verificar se está se aproximando ou não dos objetivos traçados.

É importante estimular o uso de diferentes estratégias pela criança, valorizando as diferentes formas de expressão do pensamento. Assim, ao analisar a estratégia utilizada por ela, o professor poderá verificar as possíveis falhas em seu processo de resolução, o que precisa ainda ser retomado e o que já está construído.

Tanto as respostas corretas quanto as incorretas devem ser explicadas pelas crianças, pois, refletindo sobre a resolução, podem visualizar seus erros e acertos.

Os alunos sabem as técnicas operatórias, porém, muitas vezes, não conseguem verificar em que momento utilizar cada uma delas nem descobrir o raciocínio correto nos problemas. É preciso verificar o porquê de isso ocorrer e repensar a maneira de ensinar os algoritmos.

Por fim, a avaliação em matemática deve considerar o papel construtivo do erro, partindo dele para analisar o raciocínio utilizado pelas crianças e suas maiores dificuldades. Dessa forma, devemos pensar em avaliação durante todo o processo, e não somente em avaliação final.

Indicações culturais

HOFFMANN, J. M. L. **Pontos e contrapontos**: do pensar ao agir em avaliação. 4. ed. Porto Alegre: Mediação, 2000.

Esse livro discute a importância da avaliação dentro da escola, destacando que não se pode entender a escola sem avaliação. Por isso, esta deve ser uma prática pensada e repensada. O livro traz muitas reflexões sobre a experiência da autora como educadora e pesquisadora desse tema. É escrito por meio de texto-conversa, texto-resposta, texto-reflexão, entre outros; ou seja, são muitas as perguntas que a autora vai respondendo ao longo do texto, em um diálogo com seus colaboradores e com o leitor.

PERRENOUD, P. **Avaliação**: da excelência à regulação das aprendizagens – entre duas lógicas. Porto Alegre: Artmed, 1999.

O autor apresenta a avaliação, destacando sua origem e suas características, apontando a complexidade do problema, uma vez que ela está no cerne das contradições do sistema educativo. Longe de propor um modelo ideal de avaliação formativa, o autor destaca que é preciso, primeiro, repensar os sistemas didático e escolar para depois se pensar em melhorar a avaliação. Por meio de um olhar sociológico, a obra busca as lógicas dos sistemas e as lógicas dos agentes. Dessa forma, contrapõe a lógica a favor da seleção à lógica a favor da aprendizagem. O fio condutor dos diferentes textos da obra é a relação entre avaliação e decisão.

LUCKESI, C. C. **Avaliação da aprendizagem escolar**. 10. ed. São Paulo: Cortez, 2000.

O autor apresenta a avaliação escolar em diferentes textos, com abordagens sociológicas, políticas e pedagógicas, num caráter interdisciplinar de compreensão desses fenômenos e com objetivo de propor diferentes caminhos de ação. Os estudos apresentados na obra versam sobre a avaliação escolar e algumas proposições, com o intuito de tornar a avaliação mais viável e mais construtiva.

ATIVIDADES DE AUTOAVALIAÇÃO

1. Leia as afirmativas a seguir sobre o tema avaliação e assinale (V) para verdadeiro ou (F) para falso. Em seguida, marque a alternativa que indica a sequência correta:
   ( ) As crianças estão habituadas a serem questionadas somente quando as respostas estão incorretas.
   ( ) As crianças devem ser questionadas somente quando apresentarem equívocos em suas respostas.
   ( ) É importante que, depois de um tempo determinado, o professor resolva a atividade na lousa, independente de quantos já conseguiram resolver.
   ( ) A avaliação deve ser contínua e não somente o produto final.
   a) V, F, V, V.
   b) V, F, F, V.
   c) F, V, F, V.
   d) V, F, V, F.

2. Quanto ao recurso do desenho nas resoluções matemáticas, tanto na educação infantil como nas séries iniciais do ensino fundamental, indique a alternativa correta:
   a) A escola utiliza constantemente o desenho como uma das possibilidades de solução.

b) O desenho não deve ser usado porque as crianças acabam ficando somente nele, não recorrendo mais tarde ao algoritmo.

c) O professor valoriza, muitas vezes, o resultado expresso em algoritmo e não considera outras formas de solução.

d) O desenho deve ser usado somente com o algoritmo da conta.

3. Com base nas ideias apresentadas neste capítulo sobre a avaliação, assinale a alternativa correta:

a) É fundamental que as crianças possam inventar suas formas próprias de resolução desde a educação infantil.

b) Somente com o uso do algoritmo a criança conseguirá chegar à resposta correta.

c) O uso de jogos de regras e resolução de problemas não tem relação com a melhora de estratégias das crianças em matemática.

d) O senso matemático das crianças não deve ser considerado pelo professor para não atrapalhar o processo de compreensão do algoritmo.

4. O erro está presente em todo o processo escolar. Quanto a essa questão, leia as afirmativas a seguir e assinale (V) para verdadeiro ou (F) para falso. Em seguida, marque a alternativa que indica a sequência correta:

( ) A forma como a criança lida com o erro não interfere na aprendizagem.

( ) A maneira como o professor lida com o erro da criança interfere na aprendizagem.

( ) O professor deve sempre questionar como a criança chegou à resposta, independente de ela estar correta ou não.

( ) O erro pode significar o que falta para o acerto.

a) F, V, V, F.

b) V, F, V, V.

c) V, F, F, V.

d) F, V, V, V.

5. A avaliação no ensino da matemática deve ser repensada na escola. Quanto a isso, é INCORRETO afirmar:

a) Ao verificar o resultado de uma avaliação, o professor, indiretamente, também está sendo avaliado.
b) A escola valoriza, muitas vezes, o uso de algoritmos antes mesmo de trabalhar com a compreensão e o raciocínio da criança.
c) O uso de sinais e operações deve ser deixado de lado, valorizando o uso de jogos e procedimentos de resolução alternativos.
d) Dificuldades de leitura podem interferir no raciocínio da criança ao resolver atividades matemáticas.

Atividades de aprendizagem

Questões para reflexão

1. De acordo com o texto, é apontada a necessidade de o professor pensar na avaliação como um processo e não somente como produto final do aluno. Como você pode explicar a importância da avaliação do próprio professor?

2. Diante do que foi exposto neste capítulo, descreva sucintamente como os professores de educação infantil e de ensino fundamental devem proceder em relação à avaliação em matemática.

Atividades aplicadas: prática

1. Procure algumas escolas que tenham do primeiro ao nono ano do ensino fundamental e educação infantil. Converse com a direção e os professores sobre o que pensam da prática de avaliação, como a realizam nas diferentes áreas de conhecimento, como analisam os erros dos alunos, como é feita a devolutiva para eles, entre outras questões. Em seguida, relacione essas informações coletadas com as informações do capítulo, principalmente em relação à área de matemática, ressaltando possibilidades de alterar a realidade vivenciada.

2. Pesquise em avaliações de matemática dos sistemas de avaliação externa, como Saeb, Saresp, Pisa, entre outros, verificando o tipo de questão solicitada e quais as possíveis respostas que os alunos poderiam dar de acordo com a compreensão ou não do que está sendo proposto.

Considerações finais

Ao final deste livro, gostaria de ressaltar alguns aspectos que, a meu ver, devem ser considerados nos processos de ensino e de aprendizagem da matemática.

A necessidade de o professor, iniciante ou em exercício, refletir sobre a prática docente é indiscutível, considerando o caráter específico da área da matemática, os avanços nas tecnologias da informação e da comunicação e o currículo atual.

Os processos de ensino e de aprendizagem necessitam ter um caráter formativo, funcional e instrumental, ou seja, é preciso ir além dos aspectos intelectuais, visando assim capacitar o aluno a resolver situações-problema não só na matemática, mas em todas as outras áreas do conhecimento.

Os livros didáticos de matemática, a partir do Programa Nacional do Livro Didático (PNLD), têm buscado contextualizar a matemática e relacioná-la com temas importantes para a formação do aluno: meio ambiente, saúde, o papel da mulher na sociedade, situações cotidianas, multiculturalismo, entre outros.

Já não basta mais saber exatamente como se procede para utilizar um algoritmo, pois de nada vale saber o procedimento de forma mecânica se o aluno não sabe em que contexto esse algoritmo se insere. De que adianta os conteúdos acumulados na escola se eles não têm aplicabilidade na vida cotidiana? É preciso ir além do aspecto formal da matemática, buscando a sua utilização para resolver situações-problema diariamente.

É posto um grande desafio à escola ante os avanços tecnológicos que ocorrem desde a metade do século passado em nossa sociedade. É preciso preparar o aluno para viver em uma sociedade em que os novos conhecimentos acontecem com enorme velocidade. O professor deve considerar que esse aluno estará sendo constantemente desafiado diante de novas informações e conhecimentos, dentro e fora da escola.

A visão tradicional da matemática, destituída da realidade, cede espaço para uma visão em que a matemática está em constante transformação. Para tanto, é preciso pensar em práticas inovadoras e criativas para essa área do conhecimento. As novas tecnologias da comunicação e da informação também podem contribuir para isso. Entretanto, nem sempre o professor está preparado para enfrentar essas mudanças.

O professor pode começar essa mudança refletindo sobre como o homem constrói suas estruturas cognitivas, ou seja, suas coordenações de ações, sua capacidade de simbolizar, suas operações concretas e formais, tendo a construção do conhecimento como um processo de ultrapassagem.

O papel do professor passa a ser, então, o de um eterno pesquisador, buscando incansavelmente novas formas de ensinar, estudando como seu aluno constrói seus conhecimentos, para que possa contribuir na formação de indivíduos criativos e transformadores.

Esperamos, assim, ao final desta obra, ter cumprido o objetivo de suscitar a discussão sobre os desafios e as perspectivas para o ensino de matemática nas séries iniciais. Longe de pretender esgotar o assunto, esperamos ter contribuído para que o leitor possa refletir sobre uma visão mais ampla e humana dos processos de ensino e de aprendizagem, em especial os relativos à matemática, propondo alternativas metodológicas que possam ser eficazes.

REFERÊNCIAS

ALVES, R. Seminário: Espalhando Sêmen. In: **Estórias de quem gosta de ensinar**: o fim dos vestibulares. Campinas: Papirus, 2000. p. 153-158.

ASSIS, O. Z. M. **A solicitação do meio e a construção das estruturas lógicas elementares na criança**. 1976. 169 f. Tese (Doutorado em Educação)- Universidade Estadual de Campinas, Campinas, 1976.

BECKER, F. Relações cognitivas na escola. In: ENCONTRO NACIONAL DE PROFESSORES DO PROEPRE, 20., 2003, Campinas. **Proepre 20 anos**. Campinas: Ed. da Unicamp, 2003. p. 65-72.

BRASIL. Ministério da Educação. Secretaria de Educação Fundamental. **Parâmetros Curriculares Nacionais**: Introdução. 3. ed. Brasília, DF, 2001a. v. 1.

_____. **Parâmetros Curriculares Nacionais**: Matemática. 3. ed. Brasília, DF, 2001b. v. 3.

_____. **Referencial Curricular Nacional para a Educação Infantil**: Conhecimento de Mundo. Brasília, DF, 1998. v. 3.

BRENELLI, R. P. **Intervenção pedagógica, via jogos Quilles e Cilada, para favorecer a construção de estruturas operatórias e noções aritméticas em crianças com dificuldades de aprendizagem**. 1993. 344 f. Tese (Doutorado em Educação) – Universidade Estadual de Campinas, Campinas, 1993.

BRENELLI, R. P. Jogos de regras em sala de aula: um espaço para construção operatória. In: SISTO, F. F. (Org.). **O cognitivo, o social e o afetivo no cotidiano escolar**. Campinas: Papirus, 1999.

_____. **Observáveis e coordenações em um jogo de regras**: influência do nível operatório e interação social. 1986. 222 f. Dissertação (Mestrado em Educação) – Universidade Estadual de Campinas, Campinas, 1986.

_____. **O jogo como espaço para pensar**: a construção de noções lógicas e aritméticas. Campinas: Papirus, 1996.

BRITO, M. R. F. (Org.). **Psicologia da educação matemática**: teoria e pesquisa. Florianópolis: Insular, 2001.

CAROLL, W.; PORTER, D. Invented strategies can develop meaningful mathematical procedures. **Teaching Children Mathematics**, Mar. 1997.

CARRAHER, T. N. et al. Na vida dez, na escola zero. **Cadernos de Pesquisa**, São Paulo, n. 42, p. 79-86, 1982.

_____. **Na vida dez, na escola zero**. 10. ed. São Paulo: Cortez, 1988.

CHARNAY, R. Aprendendo com a resolução de problemas. In: PARRA, C.; SAIZ, I. (Org.). **Didática da matemática**: reflexões psicopedagógicas. Tradução de Juan Acuña Llorens. Porto Alegre: Artes Médicas, 1996.

CHATEAU, J. **O jogo e a criança**. Tradução de Guido de Almeida. São Paulo: Summus, 1987.

CORBALÁN, F. **Juegos matemáticos para secundaria y bachilerato**. Madrid: Editorial Síntesis, 1996.

D'AMBRÓSIO, U. **Educação matemática**: da teoria à prática. Campinas: Papirus, 1996a.

_____. História da matemática e educação. **Cadernos Cedes**. História e Educação Matemática. São Paulo, n. 40, p. 7-17, 1996b.

DOCKRELL, J.; McSHANE, J. **Dificultades de aprendizaje en la infancia:** un enfoque cognitivo. Barcelona: Paidós, 1992.

FERREIRO, E. **Atualidade de Jean Piaget.** Tradução de Ernani Rosa. Porto Alegre: Artmed, 2001.

FINI, L. D. T. Aritmética no ensino fundamental: análise psicopedagógica. In: SISTO, F. F. (Org.). **Dificuldades de aprendizagem no contexto psicopedagógico.** 2. ed. Petrópolis: Vozes, 2002.

GRANDO, R. C. **O conhecimento matemático e o uso de jogos na sala de aula.** 2000. 224 f. Tese (Doutorado em Educação) – Universidade Estadual de Campinas, Campinas, 2000.

_____. **O jogo e suas possibilidades metodológicas no processo ensino-aprendizagem da matemática.** 1995. 175 f. Dissertação (Mestrado em Educação) – Universidade Estadual de Campinas, Campinas, 1995.

GRANELL, C. G. Procesos cognoscitivos en el aprendizaje de la multiplicación. In: MORENO, M. et al. **La pedagogia operatória.** Barcelona: Laia Editorial, 1983.

GRASSI, T. M. **Oficinas psicopedagógicas.** 2. ed. Curitiba: Ibpex, 2008.

GUIMARÃES, K. P. **Abstração reflexiva e construção da noção de multiplicação via jogos de regras:** em busca de relações. 1998. 181 f. Dissertação (Mestrado em Educação) – Universidade Estadual de Campinas, Campinas, 1998.

_____. **Processos cognitivos envolvidos na construção de estruturas multiplicativas.** 2004. 197 f. Tese (Doutorado em Educação) – Universidade Estadual de Campinas, Campinas, 2004.

GUIMARÃES, K. P.; INOCÊNCIO, A. C. G.; CORREA, M. D. C. Informática e educação: a experiência das escolas municipais de São José do Rio Preto. In: JORNADA PEDAGÓGICA, 12., 2008, Marília. **Tecnologia e Educação:** um olhar crítico. Marília: Ed. da Unesp, 2008. p. 1-10.

GUIMARÃES, K. P.; SILVA, F. C. Projeto Avaliação do Rendimento Escolar de Mirassol. In: ENCONTRO NACIONAL DE PROFESSORES DO PROEPRE, 20., 2003, Campinas. **Proepre 20 anos.** Campinas: Vieira, 2003. p. 362-363.

IMENES, L. M. **A numeração indo-arábica**. 7. ed. São Paulo: Scipione, 1997a. (Coleção Vivendo a Matemática).

_____. **Os números na história da civilização**. 11. ed. São Paulo: Scipione, 1997b. (Coleção Vivendo a Matemática).

JESUS, M. A. S. de. **Jogos na educação matemática**: análise de uma proposta para 5ª série do ensino fundamental. 1999. 119 f. Dissertação (Mestrado em Educação) – Universidade Estadual de Campinas, Campinas, 1999.

KAMII, C. **A criança e o número**: implicações da teoria de Piaget para a atuação junto a escolares de 4 a 6 anos. Tradução de Regina A. de Assis. 30. ed. Campinas: Papirus, 2003.

KAMII, C.; DEVRIES, R. **Jogos em grupo na educação infantil**: implicações da teoria de Piaget. Tradução de Maria Célia Dias Carrasqueira. São Paulo: Trajetória Cultural, 1991a.

_____. **Piaget para a educação pré-escolar**. Tradução de Maria Alice Bade Danesi. Porto Alegre: Artes Médicas, 1991b.

KAMII, C.; DECLARK, G. **Reinventando a aritmética**: implicações da teoria de Piaget. Tradução de Elenisa Curt. Campinas: Artes médicas, 1996.

KAMII, C.; LIVINGSTON, S. J. **Aritmética**: novas perspectivas – implicações da teoria de Piaget. Tradução de Marcelo C. T. Lellis, Marta R., Jorge J. de Oliveira. 3. ed. Campinas: Papirus, 1994.

KAMII, C.; JOSEPH, L. L. **Crianças pequenas continuam reinventando a aritmética**: implicações da teoria de Piaget. Tradução de Vinícius Figueira. 2. ed. Porto Alegre: Artmed, 2005. (Coleção Séries Iniciais).

LOPES, S. R.; VIANA, R. L.; LOPES, S. V. A. **A construção dos conceitos matemáticos e a prática docente**. Curitiba: Ibpex, 2005.

LORENZATO, S. **Para aprender matemática**. Campinas: Autores Associados, 2006a. (Coleção Formação de Professores).

_____. **Educação infantil e percepção matemática**. Campinas: Autores Associados, 2006b. (Coleção Formação de Professores).

MACEDO, L. A prática docente como forma de construção, emancipação e reflexão. In: ENCONTRO NACIONAL DE PROFESSORES DO PROEPRE, 20., 2003, Campinas. **Proepre 20 anos**. Campinas, Ed. da Unicamp. 2003.

MACEDO, L.; PETTY, A. L. S.; PASSOS, N. C. **Quatro cores, Senha e Dominó**: oficinas de jogos em uma perspectiva construtivista e psicopedagógica. São Paulo: Casa do Psicólogo, 1997.

_____. **Aprender com jogos e situações-problema**. Porto Alegre: Artmed, 2000.

MAFRA, J. R. S.; MENDES, I. A. História no ensino da matemática escolar: o que pensam os professores. In: CUNHA, E. R.; SÁ, P. F. (Org.). **Ensino e formação docente**: propostas, reflexões e práticas. Belém: [s.n.], 2002.

MIGUEL, A.; BRITO, A. J. A História da matemática na formação do professor de matemática. **Cadernos Cedes**, n. 40, p. 47-61, 1995.

MORAN, J. M. Ensino e aprendizagem inovadores com tecnologias audiovisuais e telemáticas. In: MORAN, J. M.; MASETTO, M. T.; BEHRENS, M. A. **Novas tecnologias e mediação pedagógica**. 6. ed. Campinas: Papirus, 2000.

MORENO, M. et al. **La pedagogia operatoria**: um enfoque constructivista de la educación. Tradução de Carmem Campoy Scriptori. Barcelona: Laia Editorial, 1987.

MORO, M. L. F. Iniciação em matemática e construções operatório-concretas; alguns fatos e suposições. **Cadernos de Pesquisa**, São Paulo, n. 45, p. 20-24, 1983.

MOURA, A. R. L.; LOPES, C. A. E. (Org.). **As crianças e as ideias de número, espaço, formas, representações gráficas, estimativa e acaso**. Campinas: Ed. da Unicamp, Cempem, 2003. v. 2. (Coleção Desvendando os Mistérios da Educação Infantil).

NOBRE, S. Alguns "porquês" na história da matemática e suas contribuições para a educação matemática. In: **Cadernos Cedes**. História e Educação Matemática. São Paulo, n. 40, p. 29-35, 1996.

O SISTEMA de numeração decimal tem história. Disponível em: <http://educar.sc.usp.br/matematica/let1.htm#let1a1>. Acesso em 8 abr. 2010a.

O SISTEMA de numeração egípcio. Disponível em: <http://educar.sc.usp.br/matematica/l1t5.htm>. Acesso em: 8 abr. 2010b.

O SISTEMA de numeração romano. Dísponivel em: <http://educar.sc.usp.br/matematica/l1t6.htm>. Acesso em: 8 abr. 2010c.

OLIVEIRA, R. L.; MOREY, B. B. O uso da história da matemática no curso normal superior. In: ENCONTRO NACIONAL DE EDUCAÇÃO MATEMÁTICA, 9., 2007, Belo Horizonte. **Diálogos entre a pesquisa e a prática educativa**. Belo Horizonte, 2007. p. 1-11. Disponível em: <http://www.sbem.com.br/files/ix_enem/Html/apresentacao.html>. Acesso em: 9 jun. 2009.

ONUCHIC, L. D. L. R. Ensino-aprendizagem de matemática através da resolução de problema. In: BICUDO, A. V. (Org.). **Pesquisa em educação matemática**: concepções e perspectivas. São Paulo: Ed. da Unesp, 1999.

ORTEGA, A. C.; SILVA, L. C. M.; FIOROT, M. A. O jogo de quatro cores em um contexto psicogenético. In: CONGRESSO BRASILEIRO DE PSICOPEDAGOGIA, 5., 2000, São Paulo. **Anais**... São Paulo, 2000.

PARRA, C. Cálculo mental na escola primária. In: PARRA, C.; SAIZ, I. (Org.). **Didática da matemática**: reflexões psicopedagógicas. Porto Alegre: Arte Médicas, 1996.

PAULA, K. C. M.; BRITO, M. R. F. Atitudes, autoeficácia e habilidade matemática. In: ENCONTRO GAÚCHO DE EDUCAÇÃO MATEMÁTICA, 9, 2006. **Anais**... Caxias do Sul, 2006, p. 1-9. Disponível em: <http://ccet.ucs.br/eventos/outros/egem/cientificos/cc20.pdf>. Acesso em: 11 jun. 2009.

PAULETO, C. R. P. **Jogos de regras como meio de intervenção na construção do conhecimento aritmético em adição e subtração**. 2001. 120 f. Dissertação (Mestrado em Educação) – Universidade Estadual de Campinas, Campinas, 2001.

PERRENOUD, P. **Dez novas competências para ensinar**: convite à viagem. Tradução de Patrícia Chittoni Ramos. Porto Alegre: Artmed, 2000.

PIAGET, J. Notas sobre o ensino de matemática. Tradução de Corinta M. Geraldi. In: ASSIS, O. Z. M. (Org.). Encontro Nacional de Professores do Proepre, 6, 1989, Águas de Lindoia. **Anais...** (Mimeo).

_____. **O juízo moral na criança**. Tradução de Elzon Lenardon. São Paulo: Summus, 1994.

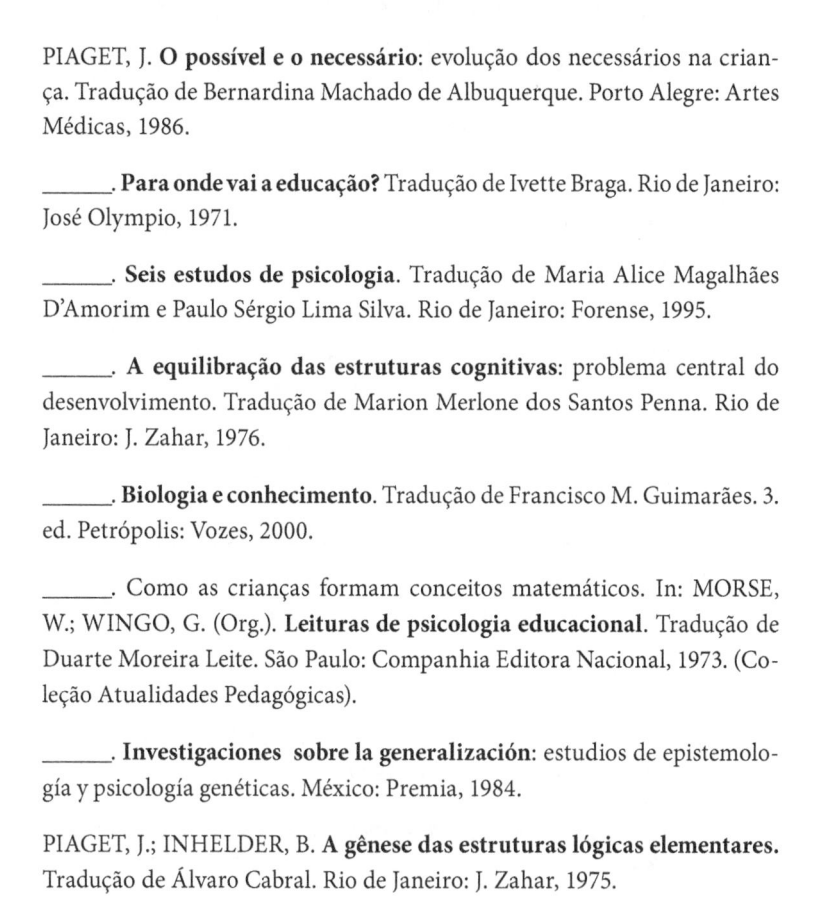

PIAGET, J. **O possível e o necessário**: evolução dos necessários na criança. Tradução de Bernardina Machado de Albuquerque. Porto Alegre: Artes Médicas, 1986.

_____. **Para onde vai a educação?** Tradução de Ivette Braga. Rio de Janeiro: José Olympio, 1971.

_____. **Seis estudos de psicologia**. Tradução de Maria Alice Magalhães D'Amorim e Paulo Sérgio Lima Silva. Rio de Janeiro: Forense, 1995.

_____. **A equilibração das estruturas cognitivas**: problema central do desenvolvimento. Tradução de Marion Merlone dos Santos Penna. Rio de Janeiro: J. Zahar, 1976.

_____. **Biologia e conhecimento**. Tradução de Francisco M. Guimarães. 3. ed. Petrópolis: Vozes, 2000.

_____. Como as crianças formam conceitos matemáticos. In: MORSE, W.; WINGO, G. (Org.). **Leituras de psicologia educacional**. Tradução de Duarte Moreira Leite. São Paulo: Companhia Editora Nacional, 1973. (Coleção Atualidades Pedagógicas).

_____. **Investigaciones sobre la generalización**: estudios de epistemología y psicología genéticas. México: Premia, 1984.

PIAGET, J.; INHELDER, B. **A gênese das estruturas lógicas elementares**. Tradução de Álvaro Cabral. Rio de Janeiro: J. Zahar, 1975.

PIAGET, J. et al. **Abstração reflexionante**: relações lógico-aritméticas e ordem das relações espaciais. Tradução de Fernando Becker e Petronilha B. G. da Silva. Porto Alegre: Artes Médicas, 1995.

RABIOGLIO, M. B. **Jogar**: um jeito de aprender – análise do pega-varetas e da relação jogo-escola. 1995. 163 f. Dissertação (Mestrado em Educação) – Universidade de São Paulo, São Paulo, 1995.

RANGEL, A. C. S. **Educação matemática e a construção do número pela criança**: uma experiência em diferentes contextos socioeconômicos. Porto Alegre: Artes Médicas, 1992.

SANCHES, L. N. S. **Estratégias de resolução de problemas em crianças de série iniciais do ensino fundamental**. 2008. 84 f. Monografia (Graduação em Pedagogia) –União das Escolas do Grupo Faimi de Educação, Mirassol, 2008.

SARAVALI, E. G. **Influência da intervenção pedagógica na psicogênese da noção de multiplicação**. 1995. Projeto de Pesquisa (Iniciação Científica) – Faculdade de Educação, Universidade Estadual de Campinas, Campinas. 1995. (Mimeo).

_____. Intervenção psicopedagógica na construção da noção de multiplicação. **Cadernos de Educação** – UFPel, Pelotas, n. 24, p. 199-219, 2005.

SASTRE, G.; MORENO, M. **Descubrimiento y construcción de conocimientos**: una experiencia de pedagogia operatória. Barcelona: Gedisa, 1980. (Série Investigaciones en Psicologia y Educación).

SMOLE, K.; DINIZ, M. I.; CÂNDIDO, P. **Resolução de problemas**. Porto Alegre: Artmed, 2003.

SOARES, K. M. **História da matemática na formação de professores do ensino fundamental**. 2004. 136 f. Dissertação (Mestrado em Educação e Cultura) – Universidade do Estado de Santa Catarina, Florianópolis, 2004.

SOUZA, M. E. A. A contribuição do lúdico no atendimento psicopedagógico. In: CONGRESSO BRASILEIRO DE PSICOPEDAGOGIA, 5., 2000, São Paulo. Psicopedagogia: avanços teóricos e práticos – escola-família-aprendizagem. **Anais...**, São Paulo, 2000.

STAREPRAVO, A. R. **Jogos para ensinar e aprender matemática**. Curitiba: Coração Brasil, 2006.

TAXA, F. O. S. **Problemas multiplicativos e processo de abstração em crianças na terceira série do ensino fundamental**. 2001. 220 f. Tese (Doutorado em Educação) –Universidade Estadual de Campinas, Campinas, 2001.

TOLEDO, M.; TOLEDO, M. **Didática de matemática**: como dois e dois – a construção da matemática. São Paulo: FTD, 1997.

VERGNAUD, G. **El niño, las matemáticas y la realidad**: problemas de la enseñanza de las matemáticas em la escuela primaria. Tradução de Luís O. Segura. México: Trillas, 1991.

VIANA, M. C. V.; SILVA, C. M. Concepções de professores de matemática sobre a utilização da história da matemática no processo de ensino-aprendizagem. In: ENCONTRO NACIONAL DE EDUCAÇÃO MATEMÁTICA, 9., 2007, Belo Horizonte. **Diálogos entre a pesquisa e a prática educativa**. Belo Horizonte, 2007. Disponível em: <http://www.sbem.com.br/files/ix_enem/Html/apresentacao.html>. Acesso em: 9 jun. 2009.

ZAIA, L. L. **A solicitação do meio e a construção das estruturas operatórias em crianças com dificuldades de aprendizagem**. 1996. 255 f. Tese (Doutorado em Educação) – Faculdade de Educação, Universidade Estadual de Campinas, Campinas, 1996.

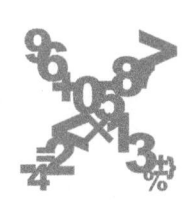

Respostas

Capítulo 1

Atividades de autoavaliação

1. b
2. a
3. d
4. c
5. d

Atividades de aprendizagem

Questões para reflexão

1. O sistema de numeração indo-arábico sobressaiu-se devido ao fato de ter conseguido reunir em um só sistema características importantes de outros sistemas numéricos, como, por exemplo, o princípio posicional (mesopotâmios), a base dez (chineses) e o zero. Quando comparado aos sistemas romano e egípcio, podemos observar a superioridade do sistema indo-arábico, pois a quantidade de símbolos que deveria ser inventada para aqueles sistemas seria infinita, alguns números seriam de difícil representação, além de que era bastante complicado realizar operações.

2. O zero surgiu com objetivo de guardar lugar e não como um algarismo propriamente dito. Antes, havia muitas confusões em relação à representação do número; assim, com o objetivo de representar o vazio e evitar equívocos, surgiu o zero.

Capítulo 2

Atividades de autoavaliação

1. c
2. b
3. d
4. b
5. a

Atividades de aprendizagem

Questões para reflexão

1. Piaget destaca três tipos de conhecimentos: físico, social e lógico-matemático. O conhecimento físico diz respeito às propriedades dos objetos, como, por exemplo, a cor, a forma, o peso etc. O conhecimento social é arbitrário, varia de cultura para cultura e vem do social, precisa ser transmitido, como o nome dos objetos, o fato de utilizarmos talheres para comer etc. O conhecimento lógico-matemático diz respeito às coordenações de relações internas que o sujeito faz, sendo, portanto, interno, como comparar as semelhanças e as diferenças entre os objetos, por exemplo.
2. A frase é equivocada, pois a matemática é, essencialmente, conhecimento lógico-matemático, mas envolve os três tipos de conhecimentos (físico, social e lógico-matemático).

Capítulo 3

Atividades de autoavaliação

1. c
2. b
3. a
4. c
5. a

Atividades de aprendizagem

Questões para reflexão

1. O professor deve verificar quais são os mais significativos para sua turma, considerando o projeto pedagógico da escola. Além disso, deve levar em conta os conhecimentos prévios dos seus alunos e o interesse que apresentam.
2. Resposta pessoal.

Capítulo 4

Atividades de autoavaliação

1. c
2. b
3. d
4. a
5. a

Atividades de aprendizagem

Questões para reflexão

1.
a) O jogo deve estar adequado aos conteúdos que o professor pretende trabalhar, ou seja, deve estar de acordo com seu planejamento.
b) O professor deve considerar a faixa etária dos alunos, pois um jogo muito fácil (de uma faixa etária anterior) ou ainda muito difícil (de uma faixa etária posterior) pode desmotivá-los.
c) No início, quando o professor começa a utilizar jogos em sua aula, pode haver um pouco de tumulto, pois o grupo não está acostumado a trabalhar junto e a trocar ideias. Passado o tempo de adaptação, os alunos aprendem a cooperar durante o jogo. A conversa que existe é importante para a troca de ideias e a construção do conhecimento. O professor deve estar atento para controlar o barulho, a fim de não atrapalhar outras turmas.
2. Resposta pessoal.

Capítulo 5

Atividades de autoavaliação

1. b
2. c
3. a
4. d
5. c

Atividades de aprendizagem

Questões para reflexão

1. Quando uma sala faz uma avaliação, não são apenas os alunos que estão sendo avaliados, mas também o próprio professor e seu trabalho. Imagine uma prova em que todo mundo vai mal. É preciso repensar os motivos que levaram a isso. Será que a prova estava muito difícil? Será que os alunos entenderam o conteúdo?
2. A avaliação, tanto na educação infantil quanto no ensino fundamental, deve ocorrer ao longo do processo. É importante que o professor peça ao aluno que explique o que pensou durante a resolução da atividade, pois, muitas vezes, ele não expressa no papel o que pensou, podendo visualizar o equívoco ao explicar. Além disso, é importante olhar para o erro como parte integrante do processo de aprendizagem, pois ele fornece indícios para o professor de como está o seu aluno.

Sobre a Autora

KARINA PEREZ GUIMARÃES é natural de São José do Rio Preto (SP). É licenciada em Pedagogia (1992) pela Faculdade de Educação da Universidade Estadual de Campinas (Unicamp), mestre (1998) e doutora (2004) em Educação por essa mesma universidade.

Atuou como coordenadora do Departamento de Educação e Gestão Digital da Secretaria Municipal de Educação de São José do Rio Preto (SP) em 2008.

Atualmente, é coordenadora e professora do curso de Pedagogia, da União das Escolas do Grupo Faimi de Educação (Faimi) na cidade de Mirassol – SP. Coordena também os estágios supervisionados em Pedagogia e, ainda, é responsável pela coordenação geral do Núcleo de Apoio em Educação (NAE), o qual atende crianças com dificuldades de aprendizagem.

Também ministra a disciplina Didática do Ensino Superior em cursos de especialização *lato sensu* em diferentes faculdades no interior de São Paulo, bem como em cursos de formação continuada para os profissionais da educação das escolas municipais da região de São José do Rio Preto (SP), na área de ensino e aprendizagem da matemática.

Tem experiência na área de educação, com ênfase em educação matemática, atuando principalmente com os seguintes temas: formação de professores, educação, jogos de regras, dificuldade de aprendizagem e educação matemática. É autora do livro didático *Ponto de encontro* (FTD), voltado à alfabetização de jovens e adultos e indicado no Programa Nacional do Livro Didático para a Alfabetização de Jovens e Adultos (PNLA) de 2008 e 2010.

Os papéis utilizados neste livro, certificados por instituições ambientais competentes, são recicláveis, provenientes de fontes renováveis e, portanto, um meio responsável e natural de informação e conhecimento.

FSC
www.fsc.org
MISTO
Papel produzido a partir de fontes responsáveis
FSC® C103535

Impressão: Reproset
Novembro/2021